쓰기 위해 또 떠납니다

쓰기 위해 또 떠납니다

초판 1쇄 발행 2025년 3월 4일

지은이 우지경
펴낸이 강수걸
편집 이혜정 강나래 오해은 이선화 이소영
디자인 권문경 조은비
펴낸곳 산지니
등록 2005년 2월 7일 제333-3370000251002005000001호
주소 부산시 해운대구 수영강변대로 140 BCC 626호
전화 051-504-7070 | 팩스 051-507-7543
홈페이지 www.sanzinibook.com
전자우편 sanzini@sanzinibook.com
블로그 sanzinibook.tistory.com

ISBN 979-11-6861-421-5 02980

* 책값은 뒤표지에 있습니다.
* 잘못된 책은 구입하신 곳에서 교환해드립니다.

일상의 스펙트럼 11

쓰기 위해 또 떠납니다

우지경

산지니

들어가며

"우리 딸이 작간데."

"딸이 작가가? 내 이야기 좀 써 도."

"내 이야기도 책으로 써 줘."

엄마가 항암 치료를 받으러 부산의 한 병원에 입원했을 때의 일이다. 왜 직업 이야기가 나왔는지는 기억나지 않지만, 병실에 있던 환자들이 일제히 눈을 반짝이며 나를 바라보았던 게 떠오른다. 기대 없이 병원에 왔다가 명의라도 만난 눈빛이랄까. 서로 이야기를 써 달라고 하는 분들이 생각하는 작가는 소설가였을까, 드라마 작가였을까, 아니면 라디오 작가였을까. 아무래도 여행작가는 아닐 것 같아 모기만 한 목소리로 고백했다.
"그게, 제가 여행작가라서요. 여행 다녀오신 이야기를 대신 써 드릴 수도 없고…"

작가라는 단어를 들었을 때 여행작가를 먼저 떠올리는 이는 여행작가 외에는 거의 없을 것 같다. 글을 쓰고 싶어서 문예창작과에 지원했던 나 역시 여행작가라는 직업이 세상에 존재하는지조차 몰랐다. 문예창작과 대신 독문과에 가는 바람에 또래들보다 해외여행을 빨리 시작하긴 했다. 재수를 할까 여행을 갈까 고민하다 유럽 배낭여행을 다녀온 덕이다. 이후 방학마다 호시탐탐 멀리 떠날 기회만 노렸다. 낯선 풍경 속에 스며드는 것도, 문득 문득 낯선 이의 시선으로 세상을 바라볼 수 있는 것도 좋았으니까.

취직하고 나니, 대학 시절 방학에 비해 휴가는 너무 짧았다. 운이 좋게도 첫 회사에 입사한 지 1년쯤 지났을 무렵 무급휴가 제도라는 게 생겼다. 월급을 포기하면 한 달 휴가를 준다는 말에 손을 번쩍 들고 외쳤다. "제가 다녀오겠습니다!" 신입사원이 먼저 첫 테이프를 끊는다고? 선배들은 그러다 책상 빼긴다고 진담 같은 농담을 했지만 나는 당당하게 무급휴가로 그리스와 터키를 여행했다.

두 번째 회사, 세 번째 회사로 이직한 이후에도 휴가만큼은 꼬박꼬박 챙겨 썼다. 베트남에 일하러 간 선배를 만나러 간다, 런던에 유학 중인 친구를 보러 간다 등 온갖 핑계를 만들어 1년에 한 번은 여행을 떠났다. 그 후로도 오랫동안 여행을 좋아하는 직장인으로 살았다. 여행은 생각만 해도 기분이 좋아지는 취미였고, 글쓰기는 이루지 못한 꿈 같은 것이었다.

'취미와 꿈을 결합시켜 여행작가가 되어 볼까?'라는 발상을 한 것은 63빌딩 홍보담당으로 일을 할 때였다. 매일 신문 스크랩을 하며 여행기사를 읽다 보니 보도자료 말고, 내 이름을 건 글을 써 보고 싶어졌다. 막연한 생각을 현실로 만들어 보려고 여행작가 아카데미를 들락거리기도 했다. 하지만 승진 누락으로 유턴해야 하는 상황도 생겼고, 이직으로 시동을 잠시 꺼 두기도 했다. 꿈을 향해 전진하기엔 직장생활이라는 현실이 팍팍했다.

그랬던 내가 기사를 쓰고 책을 쓰는 여행작가가 된 지 12년이 지났다. 그사이 낯선 나라(도시)

를 잘 여행할 수 있도록 정보를 꾹꾹 눌러 담은 가이드북을 10권 썼고, 집에서 이국을 여행하는 법이란 주제로 에세이도 썼다. 여행하고 글을 쓰는 사이사이 도서관이나 문화센터에서 강의도 하고 팟캐스트나 라디오의 게스트로 출연도 한다. 직장생활에 비해 작가생활로 버는 돈은 미약하지만 좋아하는 '일'을 하며 돈을 벌고 있다.

내가 여행작가라서 좋다. 세상이 마냥 아름다운 것은 아니지만, 세상의 아름다운 면을 글로 쓸 수 있어 행복하다. 물론 어떻게 해야 그 아름다움을 뻔하지 않게 표현할지 매번 고민한다. 그 정도면 즐거운 고민 아닐까.

여행작가라서 좋다는 게, 여행작가라서 매일 행복하다는 말은 아니다. 배부른 소리처럼 들리겠지만, 여행 계획을 세우느라 머리가 아프고, 돌아다니느라 몸이 고단할 때가 많다. 그럴 때마다 투덜대면서도 여행을 가면 새로운 시도를 하려고 한다. 자의든 타의든 여행만큼 안 해 본 일을 시도하기 좋은 때는 없으니까. 자꾸 무언가 시도를 하다 보면 미세하지만, 세상을 바라보는 시선의 각도나 받아들이는 마음의 온도가 달라져 있으므로.

때때로 "여행도 일로 하면 재미없지 않아요?"라는 질문을 받는데, 여행이 일이 되었다고 해서 괴롭지는 않다. 아무리 일이라도 여행은 여행 그 자체로 즐겁다. 문득문득 내가 바라는 삶을 살고 있다는 뿌듯함도 든다. 취미가 여행이던 시절, 취미가 일이 되는 삶을 살고 싶었으니까.

가장 난도 높은 일은 마감이다. 특히 일간지 연재나 잡지 기고의 경우 어떤 상황에서도 마감은 지켜야 하므로. 도쿄행 비행기 안에서 원고를 쓴 적도 있다. 과연 좁은 비행기에서 글이 써질까 했는데 오히려 좁은 공간에 있으니 집중이 더 잘됐다. 매주 중앙일보 위크앤드에 〈우지경의 Shall We Drink〉를 연재하던 때였는데 뉴욕 출장과 마감 일정이 겹쳐 도쿄를 거쳐 뉴욕으로 가는 길에 칼럼을 썼다. 도쿄 공항에 내려 뉴욕행 비행기를 타기 전까지 공항 라운지에서 칼럼을 마무리하고, 뉴욕 호텔에 도착해 오타를 점검한 후 메일을 보냈다. 이 정도면 꽤 낭만적인 마감이다. 매달 항암 치료하는 엄마 보호자로 병실을 지킬 땐 병실에서 원고를 썼고, 남편이 수술로 입원했을 때도 병실에서 원고를 썼으며, 내가 왼팔을 다쳐 반깁스를 했을 땐 오른손으로 원고를 썼다.

어디서 마감하건 마감을 할 땐 오롯이 내가 켜 놓은 노트북 모니터 속으로 타닥타닥 걸어 들어간다. 길을 걸을 때 한 발짝 한 발짝 내딛듯이, 원고를 쓸 땐 한 글자 한 글자씩 쓸 수밖에 없기에. 타닥타닥 쓰다 보면 여행지에서 바라본 풍경이 머릿속에 펼쳐지고 그때 느낀 감정이 되살아나기도 한다. 그럴 땐 손가락에 날개를 단 듯 속도가 붙어 장마철 쏟아지는 비처럼 가열차게 자판을 두들긴다. 원고를 완성하고 나면 다시 여행을 다녀온 듯한 착각마저 든다. 비로소 여행의 해상도가 높아진 기분이랄까. 어쩌면 그 기분을 느끼려고 치밀하게 계획을 세우고, 신나게 여행하고 돌아와 원고를 붙들고 있는지도 모르겠다. 이런 게 직업병인 걸까?

직업 이야기가 나와서 말인데, 여행작가는 내가 선택한 세 번째 직업이다. 첫 직업은 네이미스트였다. 브랜드 네이밍 다음으로 선택한 일은 PR이었다. 대행사에서 시작해 대기업 마케팅팀까지 9년을 홍보 담당으로 살았다. 여행작가가 되기로 마음먹은 건 마지막 회사를 퇴사할 때였다. 하던 일을 계속하다 보면 여행작가는 시도조차 할 수 없을 것 같아서였다. 누군가 예전의 나처럼 꿈 앞에서 망설이고 있다면, 시도해 보라고 응원하는 마음으로 이 책을 썼다. 서른 중반의 퇴사생이 좋아하는 일을 하기 위해 좌충우돌하는 이야기가 부디 유쾌한 공감이 되고 무해한 자극이 되길 바라며.

차례

재수보다 배낭여행

'글 쓰는 사람'이 되고 싶었다. 귀에 쏙 꽂히는 광고 카피를 읽으면 '카피라이터'가 되고 싶었고, 마음이 몽글몽글해지는 라디오 멘트를 들으면 '라디오 작가'가 되고 싶었다. 명대사가 난무하는 드라마를 보며 '드라마 작가'가 되리라 다짐도 했다. 카피라이터, 라디오 작가, 드라마 작가가 정확히 무슨 일을 하는지는 몰랐다. 그저 멋져 보였다. 내게 글 쓰는 사람은 멋진 사람과 동의어였다. 멋진 사람이 되려면 일단 문예창작과에 가야 할 것 같았다.

고3 시절 수시 전형으로 동국대 문예창작과에

지원했다. 서울로 면접 보러 가는 길엔 엄마와 함께였다. 엄마 곁엔 서울 지리도 모르면서 딸을 데리고 가는 동생이 걱정돼 따라온 큰이모가 있었다. 대학은 안 가도 된다고 노래를 부르던 아빠는 동국대 옆 소피텔 앰버서더(현 앰버서더 서울 풀만) 호텔을 예약해 주었다. 체크인 후 객실에 짐을 풀자 큰이모는 때밀이 타월을 꺼내며 말했다. "비싼 호텔에서 잠만 자기 아깝다. 목욕이라도 해야지." 알뜰한 큰이모의 말에 나는 "이모, 나 내일 면접인데?"라며 뒷걸음질 쳤다. 큰이모와 엄마는 신나게 등을 밀었지만, 난 때를 밀면 낙방할까 봐 욕조 가까이 가지도 않았다. 면접을 본 후엔 큰이모랑 엄마랑 캠퍼스 안 불당에 들러 절을 올렸다. 불교 신자인 큰이모는 불당을 지나치는 건 예의가 아니라고 했고, 나는 합격만 한다면 불교 신자가 되어도 좋다고 생각했다. 결과는 불합격. 때라도 밀 걸 그랬나 하는 후회도 잠시, 경각심이 들었다. 대학은 서울로 갈 거라고 노래를 불렀는데, 이러다 부산에 남게 되면 어쩌지. 지금은 고향 부산을 사랑하지만, 그때는 미드 주인공처럼 대학 입학과 함께 집을 떠나 자유로운 삶을 살고 싶었다.

"여기는 점수 맞춰서 독문과로 지원해."

"선생님, 저는 국문과에 가고 싶어요."

"독문과나 국문과나 그게 그거야."

"네? 저 독일어도 못하는데요."

수시 낙방으로 소신을 잃은 나는 정시는 담임이 자로 밑줄 쫙 그어 주는 과에 넣기로 했다. 숙명여대 독문과 면접을 보고 나오던 추운 겨울날, 큰이모는 들으란 듯이 큰 목소리로 "지경아, 어디 가서 밀크나 한잔하자."고 했다. 큰이모가 교문 앞에서 기다리는 동안 옆에 있는 엄마들에게 딸의 점수를 물어봤는데 내 수능 점수가 제일 높았단다. 다행이었다. 큰이모가 사 준 따뜻한 우유를 후후 불어 마시며 생각했다. 여기도 붙고 저기도 붙어서 기분 좋게 문예창작과에 입학하면 좋겠다고.

"리벤, 트링켄, 스투디어렌(Liben, Trinken, Studieren)!"

몇 달 뒤 신입생 환영회에서 독일어로 "사랑하고, 마시고, 공부하라!"를 외치는 독문학도가 될 줄은 몰랐다. 여기도 저기도 다 낙방한 터라 선택의 여지가 없었다. 헤르만 헤세를 좋아하니까 괜찮을 거야 스스로 위로하며 입학했지만, 아베체데(독일어 알파벳 ABCD)도 모르는 내게 독일어 원서는 안나푸르나 정상처럼 멀게만 느껴졌다.

"새벽을 여는 독문학도여, 우리가 모이면 바다이어라!" 신입생 환영회에서 선배들은 우리가 모이면 바다라고 선창했지만, 나는 물 같은 독문학과에서 기름 같은 학생이었다. 고등학교에서 독일어를 배운 친구들이 바다라면 나는 그 위에 둥둥 떠다니는 기름처럼 느껴졌다. 위화감은 독일어 회화 수업 시간의 지정학적 위치로 나타났다. 누가 정해 준 것도 아닌데 맨 앞줄엔 외고 독어과 출신, 그 뒤에는 고교에서 제2외국어로 독일어를 배운 친구들이 앉았다. 나처럼 교수님이 발표라도 시킬까 두려워서 맨 뒷줄에 고개를 푹 숙이고 앉은 몇 명은 일어나 불어를 배운 친구들이었다. 시험 기간이 되자 캠퍼스에는 낭만은커녕 열공의 분위기가 감돌았다. 여중, 여고 시절과 다를 바 없는 여대의 나날이었다. 이러려고 대학에 온 건가.

"엄마, 나 고민해 봤는데 재수해야겠어."

첫 학기가 끝날 무렵 어렵게 입을 뗐다.

"딸, 재수 없게 무슨 재수야. 유럽 배낭여행을 가는 건 어때?"

배낭여행? 유럽 배낭여행? 엄마의 파격적인 제안에 귀가 팔랑거렸다. 드디어 영화 주인공 같은 대학 생활이 펼쳐지는 것인가? 재수는 다녀와서 해도 되잖아. 대학 첫 여름 방학은 단 한 번뿐. 나는 거부할 수 없는 기회를 덥석 물었다. 단, 그 제안에는 조건이 있었다. 엄마는 배낭여행도 하고 영어 실력도 키울 수 있는 여행 계획을 제시하면 경비를 보태 주겠다고 했다.

캠퍼스에 붙어 있는 포스터에 적힌 여행사마다 전화를 걸어 문의했다. 때는 1996년 인터넷이 없던 시절이다. 발품을 팔아 '국제 조인트 배낭여행'을 알아냈다. 미국, 호주, 이스라엘, 일본 등 세계 각국에서 온 여행자들이 런던에 모여 컨티키(Contiki) 여행사 가이드의 인솔에 따라 25일간 유럽을 여행하는 프로그램이었다. 가이드도 외국인인 데다 외국인과 함께 여행해야 하니 내내 영어를 쓸 수밖에 없을 터였다. 여행 상품을 예약한 후엔 커다란 배낭과 얇은 침낭을 샀다. 배낭여행이

처음이라 배낭을 메고 가야 한다고 여겼다. 침낭은 캠핑장에 머물기 위해 필요했다. 경비를 아끼려고 일정 중 절반은 캠핑장에 머무는 여행을 예약했기 때문이다. 무려 29년 전에 '텐트 밖은 유럽'을 경험한 셈이다. 엄밀히 말하면 주로 캠핑카에 머물렀기에 캠핑카 밖이 유럽이었다. 캠핑장에 묵는 날엔 여행 참가자들이 돌아가며 배식도 하고, 설거지도 하며 시간을 보냈다.

프로방스의 고성 호텔에 머물며 고성방가 파티를 하는 날도 있었다. 고성에서는 아무리 음악을 시끄럽게 틀고 춤을 추고 술을 마셔도 뭐라고 하는 이가 없었다. 파티 다음 날엔 일정이 단 하나였다. 피크닉. 라탄 바구니에 바게트, 치즈, 햄, 과일, 음료수 등을 담아 마음 맞는 사람들끼리 피크닉을 즐기라고 했다. 요즘이야 한국에도 한강이나 공원에서 피크닉을 즐기는 사람들이 많지만 1996년 난생처음 배낭여행을 떠난 대학생에겐 너무도 낯선 풍경이었다. 라탄 바구니를 들고 나갈 때만 해도 심심하면 어쩌나 걱정했는데, 라벤더가 만발한 들판에서의 피크닉은 마냥 즐거웠다. 유유자적이라는 사자성어의 뜻을 비로소 알 것 같았다. 지금도 풀밭 위의 피크닉을 좋아하는 건, 프로방스에서 보낸 시간의 잔상이 오래 남아서인 것 같다.

배낭여행을 다녀오자, 머릿속엔 재수 대신 어떻게 하면 유럽 여행을 다시 갈까 하는 생각만 맴돌았다. 그러던 차에 과 친구들이 남산 독일문화원에 다니자고 했다. 강의 시간에 배우는 독일어도 힘겨운데 학원까지 다녀야 되나 싶었지만, 혼자 안 가면 더 뒤처질 것 같아 쫄래쫄래 따라갔다. 남산 독일문화원에서는 유럽 냄새가 났다. 유럽 향의 진원지는 카페에서 파는 커피였다. 쉬는 시간마다 커피 향에 홀려 커피를 마셨다. 그 재미에 출석은 꾸준히 했다. 이왕 출석한 김에 수업도 열심히 들었다. 그럼에도 불구하고 독일문화원 한국인 강사님에게 이런 말을 들었다. "자네, 불문과지? 독문과 아니지?"

하마터면 슬퍼서 독일문화원을 그만둘 뻔했는데, '여름 방학엔 독일에서 독일어 공부를 해보세요'라는 광고 문구를 보자 눈이 번쩍 뜨였다. 두 달 현지에서 독일문화원을 다니면, 주말마다 여행도 하고 '무늬만 독문과'에서 '발음 좋은 독문과'로 변신할 수 있을 것 같았다. 서울에 있으나 독일에 있으나 생활비가 드니, 비슷한 돈이면 연수를 보내 달라고 부모님을 설득했다. 이번에도 엄마는 작은 조건을 하나 걸었다. 이왕 연수를 가는 김에 살도 빼서 오면 어떻겠냐 했다. 고로, 밥값은 지원 못 해 준다고.

2학년 여름 방학이 시작하자마자 최소한의 생활비만 챙겨서 뒤셀도르프(Düsseldorf)로 떠났다. 뒤셀도르프에서는 독일문화원과 연계된 홈스테이에 묵었다. 한 지붕 아래 제네바에서 온 26살 베로니카, 이스탄불에서 온 20살 바샤과 함께 머물게 되었다. 뒤셀도르프에서 맞는 첫 토요일, 딱히 할 일이 없었던 셋은 같이 산책에 나섰다. 거리를 걷다가 어느 노천카페에 자리를 잡고 앉았다. 베로니카가 먼저 뭘 좀 먹자고 했다. 나는 지갑에 몇 마르크가 있나 몰래 세어 보았다. (마르크라고? 너무 놀라지 마시라. 유럽이 유로를 쓰지 않던 1997년의 일이다.) 정체 모를 피자를 주문하기엔 주머니 사정이 턱없이 얇아, 맥주나 한 잔 주문하지 싶었다. 피자도 맥주 맛도 잘 모르는 스무 살이었지만, 맥주가 커피보다 배가 부르리란 확신은 있었다. 그런데 맥주는 또 왜 그렇게 종류가 많은지. 크기도 학교 앞 호프집에서 보던 것과는 달랐다. 2,000cc, 1,000cc 피처는 눈을 씻고 봐도 없었다. 겨우 쾰슈(Kölsch)비어를 한 잔 주문했다. 쾰슈비어는 뒤셀도르프 근처 쾰른에서 만든 라거다. 베로니카는 마르게리타 피자를 주문했고, 바샤은 무슨 피자를 주문했는지 기억도 나지 않는다. 그저 둘의 피자가 나왔을 때 너무 얇고 작아서 깜짝 놀랐다. 다시 한번 말하지만 1997년의 일이다. 호랑이 담배 피우던 시절까지는 아니고, 사람이 비행기에서 담배 피우던 시절이었다. (1997년에는 비행기 뒷좌석이 아예 흡연석이었다.)

이를 어쩐다. 피자를 보니 갑자기 출출해졌다. 맥주를 최대한 천천히 마시며 일행과 속도를 맞추려는데, 베로니카가 자기가 주문한 마르게리타 피자를 나눠 먹자고 했다. 그것도 반반. 유럽 사람은 더치페이한다고 들었는데, 저 피자를 입에 넣으면 피자값의 반을 내야 하나. 나는 유러피언에 대한 편견에 사로잡혀 베로니카의 호의를 호의로 받아들이지 못하고 망설였다. 그런데도 '나인 당케(Nein Danke, 영어로 노 땡큐)'라는 독일어는 입 밖으로 나오지 않았다. 결국 피자 한 쪽을 집어 들었다. 한 쪽은 곧 두 쪽이 되고 세 쪽이 됐다. 피자 한 입, 맥주 한 모금. 그렇게 피자와 맥주의 마리아주를 경험하게 되었다. 신촌 둘둘치킨에서 맛보던 치맥이나 뢰벤호프에서 맛보던 감자튀김에 500cc 생맥주를 초월한 새로운 세계였다. 햇살 좋은 주말 오후, 치즈와 맥주가 입안에서 만나는 부드러운 피맥이라니.

다음 날 아침 베로니카는 카톡으로 어제 먹은 피자값이 얼마이니 돈을 보내라고 연락하지 않았다. 그러고 싶어도 카톡이 존재하지 않던 시절이므로. (다시 한번 말하지만 1997년의 일이다.) 대신 똑똑 내 방문을 두드리며 대성당이 아름답기로 유명한 쾰른(Köln)에 가자고 했다. 쾰른은 뒤셀도르프에서 기차로 40분 거리라 기꺼이 따라나섰다.

"대성당이 잘 보이는 데서 커피부터 마실까?"

하늘 높은 줄 모르고 치솟은 고딕 건축의 장엄한 위용을 뽐내는 쾰른 대성당 앞에 당도하자

베로니카가 내 어깨를 붙잡으며 말했다. 나는 어안이 벙벙했지만, 베로니카의 말을 따랐다. 대성당을 배경으로 사진 한 장 찍지 않고 라인강변 카페로 유유히 걸어가는 모습이 낯설고도 새로웠다. 막상 라인강변 카페에 앉아 본 쾰른 성당은 더 아름다웠다. 높은 곳에서 찍어 누르듯 내려다보는 건물이 아니라 풍경과 어우러진 건축물의 모습이었다.

"아무도 우리를 찾지 않고, 아무도 전화하지 않아. 행복하지 않니?"

"그래, 참 좋아."

베로니카가 로또에 당첨이라도 된 듯 황홀한 표정으로 말하자, 바샤이 탁구공 받아치듯 얼른 대답했다.

"대성당에 바로 들어가면 대성당을 제대로 볼 수 없어. 먼저 멀리서 바라보고 안으로 들어가 보는 거야."

나는 말없이 커피를 홀짝였다. 병원을 떠나 자기만의 시간을 보내는 간호사 베로니카가 얼마나 행복한지는 헤아릴 수 없었지만, 그녀의 여행법이 제법 마음에 들었다. 대학을 졸업하고 직장인이 된 후 마침내 베로니카 말을 이해했다. 아무도 나를 찾지 않는 낯선 도시에서 아름다운 풍경을 음미하며 마시는 커피 한잔의 여유가 얼마나 달콤한지, 출근과 퇴근이라는 단조로운 일상을 겪고 나서야 알게 되었다.

사실, 베로니카의 여행 방식은 일상에서도 적용된다. 어떤 사건이 느닷없이 닥쳤을 때 몇 발짝 뒤로 물러서서 바라보면 달라 보인다. 복잡하게 얽혔던 문제가 단순해 보이기도 하고, 고민의 부피가 작아 보이기도 한다. 멀리서 보면 바로 앞에서 보지 못했던 것들이 보이는 법이니까. 나의 대학 시절도 그랬다. 대학 4년간 고3 담임선생님을 얼마나 원망했던가. 우스운 학점을 받고 재수강을 할 때마다 독문과에 가라고 한 담임선생님 탓을 했다. 문예창작과에 갔더라면 우수한 학점을 받을 수 있었을까? 두 가지는 분명하다. ① 재수 생각은 안 했을 거다. 첫 여름 방학에 배낭여행을 떠나지도 않았겠지. ② 남산 독일문화원에 절대 안 갔을 거다. 뒤셀도르프에 어학연수를 갔을 확률은 0이다. 그랬다면 베로니카도 만나지 못했겠지.

어쩌면 우연히 독문학과에 간 덕에 여행 근육을 일찍부터 쌓았고, 꾸준히 쌓은 여행 근육이 빛을 발해 여행작가가 된 게 아닐까. 그 두 번의 여행 이후 매년 두려움 없이 해외여행을 떠날 수 있었으므로. 고3 때는 몰랐지만, 글 쓰는 사람 중에 여행작가라는 직업이 있고, 나는 돌고 돌아 글 쓰는 사람으로 살고 있다. 이번 생에 유럽을 여행하다 베로니카와 우연히 다시 마주칠 수 있을까? 그런 행운이 찾아온다면 이렇게 말하고 싶다.

"혹시, 기억나? 뒤셀도르프에서 같이 홈스테이하던 한국인. 스테이 시작한 첫 주말에 내가 돈 없어서 맥주만 시키니까 피자 먹으라고 나눠 줬잖아. 그 덕에 유러피언(특히 스위스 사람)도 인정이 있구나 했지 뭐야. 너가 스위스로 돌아간 후에도 나는 독일을 여행하며 멋진 건축물이 잘 보이는 장소에 앉아 커피나 맥주를 마시곤 했어. 세상에는 이런 여행 방식도 있다고 알려 준 너를 떠올리며. 계속하다 보니 그게 여행 습관이 되더라. 그러던 내가 여행작가가 됐어. 가이드북을 쓸 땐 꼭 명소가 잘 보이는 멋진 카페를 소개하려고 해. 내가 쓴 책을 들고 여행하는 사람도 우리처럼 여유를 음미하길 바라며. 그러니까 맥주 한잔 살게. 피자도 주문해!"

아, 이 말을 독일어로 할 수 있다면 얼마나 좋을까. 독일어를 잘하는 여행작가가 되려면 다시 남산 독일문화원에 가야 하나. 현지 독일문화원으로 연수도 가고.

기자도 여행 블로거도 아닙니다만

때때로 기자 출신이라는 오해를 받는다. 가이드북도 쓰지만 여행 잡지를 통해 출장을 다니다 보니 종종 '기자님'이라 불린다. 그럴 때마다 나는 손사래를 치며 '여행기자가 아니라 여행작가'라고 말한다. 본의 아니게 경력을 부풀리거나 특정 매체 기자를 사칭하게 될까 봐 차근차근 낱낱이 신분을 밝히며.

"여행기자나 여행작가나 그게 그거 아니냐."는 질문도 받는데 '소속'으로 그 차이를 설명할 수 있다. 여행기자는 회사에 소속돼 있고, 여행작가는 무소속이다. 여행기자는 특정 매체에 소속되었기에 기사 기획 단계부터 손가락을 담그지만, 프리랜서 여행작가는 이미 기획된 기사의 취재부터 참여하는 경우가 많다. 그래서 기사의 디자인 시안도, 여행작가가 쓴 원고 편집도 여행기자의 몫이다. (디자인은 디자이너가 한다.) 반면, 여행기자는 소속 매체에만 기사를 쓰고, 여행작가는 잡지를 통해 출장을 다녀와도 내용을 달리 구성해 일간지, 사보, 웹진 등 여러 매체에 기고하는 편이다. 다양한 미디어에 기고하는 여행작가일수록 각각의 특성에 맞게 기사 쓰는 능력을 탑재하고 있다.

기자 출신이란 오해를 왕왕 받는 건 여행기자에서 여행작가로 전향한 사례가 많아서다. 그렇다고 여행작가가 되기 위해 꼭 여행기자를 거쳐야 하는 건 아니다. 여행작가 중엔 여행 블로거 출신도 많다. 블로그를 꾸준히 하다 보니 가이드북이나 에세이를 쓰는 경우다. 요즘처럼 개인이 매체인 시대에는 여행 인플루언서나 유튜버가 된 후 책을 출간하는 경우가 많다. 또 다른 부류는 여행작가 아카데미 수료 후 여행작가의 길로 들어선 경우다. 한 학기 커리큘럼을 이수한다고 바로 여행작가가 되는 것은 아니지만 노력에 따라 기고나 책 출간 기회를 잡을 수도 있다.

굳이 여행작가를 기자파, 인플루언서파, 아카데미파로 나눈다면 나는 아카데미파에 속한다. 어쩌다 여행작가 과정을 두 곳에서나 수료했다. 아카데미를 통해 업계에 발을 들이긴 했지만, '직장인'에서 여행작가라는 '직업인'으로 전향하게 된 데는 직장 생활 영향이 컸다. 총 12년간 회사원으로 지냈는데, 두 번째 회사부터 마지막 회사를 그만두기까지 9년간 "○○ 홍보 담당 우지경입니다."를 입에 달고 살았다. '홍보인' 출신이란 얘기다. 대행사를 거쳐 기업 마케팅팀에서 일하며 멀티플렉스 영화관, 베이컨, 게임, 수족관, 아이스크림, 도넛 등 온갖 브랜드를 담당했다. 대체 그게 여행작가랑 무슨 상관이냐는 말이 귓가에 들리는 것 같다. 지금은 문을 닫은 63씨월드(63빌딩 수족관)와 아이맥스 영화관, 63스카이아트(전망대)를 홍보하던 시절, 일간지 '여행면'에 관련 기사를 내는 게 당시 내 주요 업무였다.

모든 일에는 프로세스가 있는 법. 언론 홍보는 보도자료를 작성해 배포한 후엔 기사화됐는지 확인하는 게 정해진 수순이다. 그래서 나는 다람쥐 쳇바퀴 돌듯 보도자료 작성, 배포, 기사 스크랩을 무한반복했다. 매일 아침 신문 스크랩도 했다. 아침마다 회의실에서 칼질 장인의 심정으로 칼과 자를 들고 신문에 난 단신을 정성껏 오렸다. 단신이란 말 그대로 짧은 스트레이트 기사로, 크기가 손바닥보다 작다. 일간지 여행면에는 여행 기사가 대문짝만하게 전면으로 실리고, 그 옆의 박스 안에 단신이 다글다글 실리는데, 내가 보낸 보도자료는 장마에 해 나듯 가끔 단신으로 실렸다. 그 덕에 여행기사는 실컷 읽을 수 있었다. 여행기자가 쓴 멋진 기사를 읽으면 읽을수록, 잊고 있던 꿈이 떠올랐다. 나도 글 쓰는 사람이 되고 싶었는데. 주야장천 보도자료만 쓰고 있구나.

보도자료를 깎아내리는 건 아니다. 보도자료를 잘 쓰는 것은 탁월한 능력이지만 홍보 담당자가 쓴 보도자료가 기사화된다고 해도 바이라인(By-Line, 기사 끝에 붙는 이름)에는 기자 이름이 달렸다. 이제 와서 일간지나 잡지 기자로 입사하기엔 늦은 것 같은데 어떻게 하면 내 이름으로 글을 쓸 수 있을까. 그것이 알고 싶었다.

배우는 게 취미라 이런저런 '글쓰기 수업'을 알아봤다. 한 출판사의 단편 소설 쓰기 수업이 눈에 들어왔다. '읽다 만 책, 쓰다 만 글'이란 수업 제목에 마음이 갔다. 혹시, 나처럼 소설 쓰기에 기본이 없는 사람을 위한 강의인가? 정신 차려 보니 이미 수강신청 버튼을 누른 후였다. 쓰다 만 글도 없는 주제에. 아뿔싸. 수강생의 절반은 이미 신춘문예에 소설을 투고해 본 소설가 지망생이었다. 수강료가 아까워 꼬박꼬박 출석했더니, 마감에 맞춰 단편 소설을 하나 쓰긴 했다. 제목은 '수직마라톤', 멈추면 도태되는 무한경쟁 시대에 위만 보고 달리는 직장인의 애환을 담은 소설을 쓰려 했으나, 사람들은 이렇게 평했다. "제목은 창대하였으나 그 끝은 미약하다", "재료는 좋은데 레시피를 몰라 망친 요리 같다." 난생처음 합평의 매운맛을 보았다. 뇌가 얼얼했다. 그날 이후 소설을 쓰겠다는 마음은 보류하고, 세상의 모든 소설가를 진심으로 존경하게 되었다.

소설만 글인가? 다른 글을 써 보자. 에세이는 어떨까? 또 다른 글쓰기 수업을 물색하던 중 한

문화센터에서 여행 출판사 대표가 강사를 맡은 여행작가 양성 과정을 발견했다. 눈이 번쩍 뜨였다. 그래 이거야. 2년 넘게 여행기사를 읽었잖아. 여행이 취미이고, 보도자료 쓰는 게 특기이니 여행책은 쓸 수 있을 거야. 하지만 넘치는 의욕만큼 회사 일도 넘치는 바람에 강의에는 지각하기 일쑤였다. 뒤늦게 살금살금 강의실 문을 열고 들어갈 때마다 강의 흐름을 끊어 민폐를 끼치는 것 같았다. 지각을 할 바에 가지 말까 하는 마음도 들었다. 수업을 듣는 둥 마는 둥 하는 사이, 승진 누락 통보를 받았다. 과장을 목표로 온 힘을 다한 터라 실망이 이만저만이 아니었다. 치미는 울화를 겨우 삭이고 나니 공포가 밀려왔다. 작년에도 대리 올해에도 대리 내년에도 대리로 남아 '대리 괴담'의 주인공이 될까 두려웠다. 때마침 찾아온 골라 먹는 재미가 있는 아이스크림 브랜드 마케팅팀 '과장' 자리로의 이직은 거부할 수 없는 제안이었다. 연봉 협상과 퇴사 절차를 밟고 나니 여행작가 양성 과정 마지막 수업 시간이 되었다. 뒤풀이 자리에서 강사님이 '한국 시장 여행'을 주제로 책을 써 볼 사람이 있냐고 물었다. 수강생들이 누가 먼저 랄 것도 없이 "저요, 저요" 손을 들었지만, 나는 구석에서 조용히 맥주만 홀짝였다. 회사를 옮기면 적응에 에너지를 쏟을 텐데, 책까지 쓰는 게 가당키나 해? 시도해 보지도 않고 불가능한 일이라고 단정 지었다.

아이스크림 브랜드 마케팅팀으로 이직 후 내게 주어진 첫 미션은 조중동(조선일보, 중앙일보, 동아일보) 중 한 매체에 미국 현지 아이스크림 개발자 인터뷰 기사를 내는 것. 일주일 뒤 한국으로 오는 개발자 인터뷰라니, 시간은 촉박했지만 임파서블한 미션은 아니었다. 홍보대행사와 자료를 만들어 조선일보 유통기자에게 제안하자마자 인터뷰가 성사됐다. 조선일보에 보란 듯이 기사가 나오자 회사에는 이런 소문이 돌았다. "새로 입사한 우과장 남자친구가 조선일보 기자라며?" 그 소문이 돌고 돌아 내 귀에 들어올 때마다 나는 해명 아닌 해명을 했다. "무슨 소리야. 남편은 있어도 남자친구 없어. 심지어 인터뷰한 기자는 여자였어." 그 후로 퇴사하는 날까지 우과장 남편이 조선일보 기자라는 소문이 나를 따라다녔다.

회사 사람들이 내 능력을 폄하하거나 말거나,

골라 먹는 재미가 있는 아이스크림 브랜드 홍보는 다이내믹해서 즐거웠다. 당시 핫한 아이돌 그룹의 한 멤버와 광고 촬영을 할 때, 연예프로그램을 섭외해 은근히 브랜드 홍보를 하기도, 플래그십 스토어 오픈 이벤트로 팬 사인회를 진행하기도 했다. 팬들이 매장 앞에서 밤을 새겠다고 몰려오는 통에 달달한 아이스크림으로 달래서 돌려보내기도, 사진기자들의 취재 경쟁 난리 통에 압사당할 뻔도 했지만 긍정적인 기사를 내는 건 신나는 일이었다. 느닷없이 브랜드전략팀 과장이 되어 도너츠 브랜드 홍보까지 맡기 전까지는 그랬다.

분명 아이스크림이 좋아서 아이스크림 브랜드 홍보를 하겠다고 입사했는데, 정신을 차려 보니 도너츠 브랜드 홍보까지 맡고 있었다. 브랜드가 둘로 늘어난 만큼 일의 양도 폭증했다. 야근을 하는 날이 많았다. 어쩌다 저녁 8시쯤 애매한 시간에 퇴근할 땐 강남 교보문고에서 책을 뒤적이며 헛헛한 마음을 달래곤 했다. 어느 날 여행 코너를 서성이다 여행작가 양성 과정 수강생들이 쓴 책을 발견했다. 꽁꽁 언 아이스크림을 입에 베어

문 것마냥 머리가 띵했다. 나도 같이 쓸 수 있었는데. 잘할 자신이 없으니까 시도조차 해 보지 않고 상황 핑계를 댄 게 아닐까. 나를 둘러싼 환경이 완벽해지길 기다리다간 아무것도 도모하지 못하겠구나. 더 늦기 전에 다시 도전해 보자 싶었다. 마침 동국대 평생교육원의 여행작가 아카데미가 눈에 들어왔다. 일단 등록했다. 이번엔 같은 팀 후배 설선과 함께였다. 설선과 나는 여행작가 아카데미 수업이 있는 날엔 칼퇴근하는 2인 1조 프로퇴근러가 되려고 매주 눈치작전을 펼쳤다.

이번에도 회사는 사정을 봐주지 않았다. 위기가 장마철 폭우처럼 사정없이 쏟아졌다. 이물질부터 가격 인상, 매장 화재, 프랜차이즈의 허와 실, 노조 이슈까지, 위기에 대응하느라 온갖 취재 압박의 풍화작용을 겪으며 영혼이 하루하루 마모되는 느낌이 들었다. 그럴수록 스스로를 다독였다. 회사 일로 피곤한데도 여행작가 아카데미에 온 나를 칭찬하자고. 각기 다른 경력을 가진 강사들은 자신만의 생각과 경험을 들려주었다. 종합하면 여행작가가 되려면 글쓰기와 사진 촬영은 기본이고, 기획력과 실행력이 필요하다는 것. 내겐 '용기'와

'끈기'가 필요하다는 말로 들렸다. 그동안 용기만 내다 말았던 나는 이번엔 뚝심을 가져 보기로 했다. 여행작가가 되고 싶다면, 될 때까지 꾸준히 여행하고 글을 쓰는 지구력이 필요한 게 아닐까 하는 마음으로. 끈기가 뭐예요? 하는 생각이 잡초처럼 마음에서 삐죽 솟아오르면 후배 설선이랑 맥주잔을 부딪히며 이야기했다. 우리도 언젠가는 여행작가가 될 거라고.

끈기를 갖기로 마음먹은 지 2년 후, 비로소 나의 첫 책 『반나절 주말여행』이 세상에 나왔다. 여행작가 지망생 15명이 공저로 쓴 국내여행 가이드북이었다. 15인 중 한 명은 우지경, 또 한 명은 윤설선이었다.

내가 PD수첩에 출연할 줄이야

〈텔레비전에 내가 나왔으면〉이라는 동요를 아시는지? 어린 시절 '텔레비전에 내가 나왔으면 정말 좋겠네. 정말 좋겠네. 춤추고 노래하는 예쁜 내 얼굴'이라는 노래를 배우며 생각했다. 목소리는 허스키한데 노래 실력은 음치급이니 텔레비전에 내가 나올 일은 정말 없겠네. 정말 없겠네. 매사에 긍정적인 엄마는 생각이 달랐다. 어린애가 목소리가 저렇게 허스키해서 어떡하냐고 걱정하는 사람들에게 웃으며 말했다. "걱정 마. 지경이는 아나운서가 돼서 뉴스에 나올 거야." 그때는 엄마도 몰랐을 테다. 딸이 아나운서가 되지 않아도 뉴스에 출연할 수 있다는 것을.

내 나이 33살, PD수첩 '프랜차이즈 창업을 꿈꾸십니까'(2011년) 편에 나오는 나를 보며 새삼 깨달았다. 춤추고 노래해야 텔레비전에 나올 수 있는 게 아니라는 걸. 모자이크 처리된 얼굴이 아니라 당당하게 바스트 숏으로 출연했지만 부덕한 프랜차이즈 업체 본사 직원으로 보일 터였다. 부사장실에서 본방 모니터링을 하는데 헛웃음이 나왔다. 내가 PD수첩에 출연하다니. 겪지 말아야 할 일을 겪고 있는 것 같았다. 눈을 뜨면 이 모든 게 꿈일지도 몰라. 그 시각 PD수첩을 시청한 지인들이 연락을 해 왔다. 꿈이 아니었다.

"우대리, 기업 홍보팀 가서 잘 지내나 했더니 고생이 많구나."(두 번째 회사 팀장님)

"언니, PD수첩에 언니가 나와서 깜짝 놀랐어요. 근데 얼굴이 좋아 보이더라."(대학 후배)

"우과장, 말 잘했어. 속이 다 시원해."(같은 회사 모 팀장)

"지경씨, 머리라도 좀 하고 나가지. 너무 초췌해 보이더라."(미용실 선생님)

"지경아 나 기억나? 너 PD수첩에서 봤어."(뉘신지 기억나지 않는 남성으로 추정)

그 방송이 온에어되기까지 몇 달간 나는 대리괴담의 주인공이 되지 않으려다 위기괴담의 주인공이 된 기분에 시달렸다. PD수첩에서 '프랜차이즈와 횡포'를 주제로 프로그램 제작 중인데 점주들이 인터뷰를 하고 있다는 제보에 회사가 발칵 뒤집힌 이후부터다. 위기관리 TFT가 만들어지며 할 일이 폭증했다. 모두가 사무실 밖으로 나가는 점심시간에도 감옥에 갇힌 성실한 죄수처럼 책상에 앉아 팀 후배가 사다 주는 샌드위치를 먹으며 대응자료를 만들어야 했다. (배민과 쿠팡이츠가 없던 시절의 일이다.)

"과장님, 뭐 사다 드릴까요? 김밥? 샌드위치?" 다정한 후배의 말에도 나는 "아무거나. 입맛이 없어."라고 심드렁하게 대답했다. 입맛이 없다니. 난생처음 느껴보는 생경한 감정이었다. 이별했을 때도, 결혼식 전날에도 줄지 않던 식욕이 줄더니, 살이 야금야금 빠졌다. 누군가 그런 게 마음고생 다이어트라고 했다. 위기관리를 하느라 자기관리가 안 되는 이 마당에 살이라도 빠져서 다행인가. 정신 승리도 잠시, 줄어든 식욕만큼 야근과 짜증이 늘었다. 활화산처럼 폭발할 것 같은 울화를 누르고 집중해서 야근을 하다 보면 어깨는 뻐근하고, 목은 뻣뻣했다. 머리에서는 열이 났다. 왜 이렇게 머리가 뜨겁지. 거울을 보니 이마 위 새치가 부쩍 늘어 있었다.

어차피 맡은 일, 피할 수 없다면 잘 해내고 싶었다. 애쓰면 애쓸수록 결국 절벽 끝에 몰릴 걸 알면서도 쉬지 않고 뛰는 기분이었지만 멈출 수 없었다. PD수첩 PD를 만나던 날은 정말 낭떠러지 끝에 선 심정이었다. 원래는 임원이나 팀장급이 인터뷰를 하기로 했는데, 부사장님 이하 모든 임원과 팀장들이 TV에 시커먼 아저씨가 나가는 것보다 화사한 우과장이 나가는 게 낫다는 논리를 펼쳤다. (응? 이럴 때만 여자를 전쟁터로 내몰더라. 야근에 찌든 내가 화사하다고?) 결국 부사장도, 상무도 부장도 차장도 아닌 내가 회사 대표로 PD수첩에 출연하게 되었다.

커다란 회의실 한쪽엔 나와 그룹 홍보팀 부장, 차장이 쭉 앉고, 맞은편에는 PD수첩 PD가 앉았다. PD와 동행한 카메라 감독은 두 명이었다. 카메라도 둘. "카메라 한 대만 가지고 오기로 약속하셨는데 왜 두 대예요?"라고 묻자 한 대는 멀리서 와이드한 앵글로 잡는다는 답이 돌아왔다. 두 대의 카메라 앞에서 나와 그룹 홍보팀 부장, 차장은 PD의 질문에 하나씩 차분히 답하기 시작했다. 한 차례 질의응답이 끝나자 다시 같은 질문이 반복됐다. 결국 네 시간이 넘게 회의실에 갇혀 회사의 입장을 대변하려고 고군분투했다. 처음엔 부드러운 톤으로 준비해 놓은 대답을 했지만, 취조받듯 같은 질문에 반복해서 답하다 보니 목소리 톤이 높아졌다. 결국 방송에는 약간 흥분한 듯한 투로 "이유를 생각해 보셔야 할 것 같아요."라고 말하는 내 모습이 방영됐다. 그것도 와이드 앵글이 아니라 측면에서 당겨 찍은 바스트 숏이었다.

PD수첩이 방연 된 다음 날 나는 묵묵히 해야 할 일을 했다. 기사로 밀어내기. PD수첩 방영 일정에 맞춰 밀어내기용 기사를 위한 보도자료를 얼마나 많이 준비했던지. 검색창에 도너츠 브랜드를 검색했을 때 신상품, 사회공헌 등 긍정적인 이슈를 노출시키기 위한 전략이었다. 그래도 그때는 곧 점심시간에 밖으로 나가 뭐 먹을지 고민하는 일상이 돌아올 거란 희망이 있었다. 퇴근 후엔 룰루랄라 여행작가 아카데미도 가고. 휴가 계획도 좀 세우고. 출소를 기다리는 죄수처럼 참 하고 싶은 게 많았다.

기대와 달리 곧이어 또 다른 위기가 찾아왔다. PD수첩에 출연한 점주가 이번엔 다른 방송사 뉴스에 제보한 것. 다시 지난한 위기 대응이 시작됐다. 그룹 홍보팀은 취재 기자를 만나 기사화를 막아 보려고 안간힘을 썼다. 형사도 아니면서 K 기자의 집 앞에서 잠복근무(?)를 했다. 말이 잠복이지 스토킹 아닌가. 그것만은 동참하고 싶지 않아서 이런 핑계 저런 핑계를 대며 그룹 홍보팀과 거리를 두었다. 스토킹에 소질 없는 부장들은 잠복을 들켰고, 이에 K 기자는 노발대발하며 이 이슈 관련해서는 우지경 과장과 소통하겠다고 선언했다. 그룹에서는 우지경이 누구냐고 날뛰었고, 그룹에 이름을 널리 떨친 우과장의 얼굴은 하루하루 점점 시들어 가는 식물처럼 누렇게 기운을 잃어 갔다. 회사를 다니며 여행작가에 도전하겠다는 꿈도 잊은 채.

포기를 모르는 그룹 홍보팀은 마지막 카드(?)로 부사장님이 취재 기자를 만나 회사의 입장을 전하도록 자리를 만들라고 압박했다. 나는 결국 휴일에 부사장님 운전사가 운전하는 차 앞자리에 타고 방송국으로 향했다. 취재 기자는 만날 생각이 없는데, 약속조차 하지 않고 가는 기업 임원과 홍보 담당이라니. 전전긍긍하는 모습을 눈치챈 부사장님이 "우과장, 아침도 못 먹었죠?" 하며 베이글을 건넸다. 평소 같으면 베이글 하나는 순식간에 해치울 수 있지만 그날따라 목에 넘어가지 않아 꾸역꾸역 먹었다. (그날 이후 한동안 베이글을 쳐다보지도 못했다.) 베이글이 목에 걸려 있는 듯한 기분으로 도착한 방송국 로비에서 기자에게 떨리는 마음으로 전화를 걸었다. 예상대로 K 기자는 로비로 내려올 수 없다고 했다. 그는 화를 내며 전화를 끊었고 나는 납작 엎드린 자세로 문자를 보냈다.

"기자님, 약속도 하지 않고 찾아온 게 무례하다는 것을 저도 압니다. 그래도 여기까지 왔으니 10분만 시간 내주시겠어요? 저도 직장인인지라.

죄송합니다. 죄송합니다. 죄송합니다."

다행히 K 기자는 로비에 모습을 드러냈고, 부사장님은 30분 이상 그의 소중한 시간을 뺏었다. 기자는 가맹점주와 본사의 갈등을 다윗과 골리앗의 싸움으로 비유하는데, 골리앗의 입장을 대변할 수밖에 없는 나는 골리앗의 노예인가. 지금의 무맥한 내 모습이 그동안 선택의 결과라면 어떤 선택부터 잘못된 걸까. 너무 열심히 일한 것? 머릿속에 온갖 생각이 밀려왔다. 그때 결심했다. 이번 위기만 마무리되면 탈출하자. 경주마처럼 달리던 나에게 1년간 시간을 주자. 그 시간 동안 마음껏 여행하며 여행작가에 도전해 보자. 대신 여행작가가 못 돼도 실망하지 말자. 다시 홍보 일을 하면 되니까. 이 정도 위기관리로 산전수전 겪은 경력이면 어디든 취직할 수 있을 테니.

방송국 습격 사건(?) 이후 K 기자는 정식 인터뷰를 위해 회사에 찾아왔다. 이번에도 만장일치로 내가 뉴스에 출연하게 됐다. 대신 미용실 선생님 조언에 따라 드라이를 받고 왔다. 회사에서 가장 가까운 미용실에 허겁지겁 뛰어 들어가 "급하게 방송에 출연해야 해서 그런데요. 착해 보이게 드라이 좀 해 주세요."라고 부탁했다. 미용사는 알겠다며 정성껏 드라이를 해 주었는데, 방송을 본 지인들은 세 보인다고 했다.

나중에 알게 된 사실인데, 아빠는 내가 출연한 뉴스를 녹화해서 친적들에게 보여 주었단다. 더 놀라운 건 친척들의 반응이었다. "우리 지경이가 서울에서 좋은 회사 다니니까 TV에 다 나오네", "지경이 출세했네."

아빠라도 서울에서 출세(?)한 딸 덕에 행복했다니 다행이다. 아빠에게 실망을 안겨드린 것 같아 미안하지만 뉴스 출연 이후 또 하나의 위기 대응을 마치고 퇴사했다. 팀장도, 인사팀장도, 임원도 다시 생각해 보라고 붙잡았지만 내게 베이글을 건네준 부사장님은 "고생만 시켜서 미안하다."고 했다. 그날 이후 나는 다시 베이글을 먹게 되었다.

덧, 몇 년 뒤 K 기자에게 문자를 받았다. 방송국을 퇴사하며 자료 정리하다 그때 생각이 났는데, 심하게 대해서 미안했다고. 뭐, 미안? 미안하다고? 이제라도 위기관리에 지쳤던 내 영혼이 위로받는구나. 뜻밖의 사과에 기분이 좋아진 나는 각자 자기 할 일을 한 것이란 내용의 답 문자를 보냈다. 이 정도면 아름다운 마무리라 생각하며. 그런데 그로부터 몇 년 뒤 나는 K 기자가 진행하는 팟캐스트에 게스트로 출연해 우지경의 여행 상담 코너를 맡게 되었다. 이토록 친밀한 적(?)과 나란히 앉아 웃고 떠들게 되다니. 때로 인생은 한 치 앞을 알 수 없어 고단하지만, 때로는 한 치 앞을 알 수 없어 고대 되는 게 아닐까. 무엇보다 살아보니 영원한 적은 없다는 게 마음에 쏙 든다.

공저라는 지름길

"책 한 권 쓰는 데 얼마나 걸려요?" 사람들은 종종 묻는다. "최소 6개월에서 1년은 걸리죠."라고 대답하면 "그런데 12권이나 썼어요?"라는 반문이 돌아온다. 그럴 때마다 싱긋 웃으며 "다이어트보다는 쉬워요."라고 너스레를 떤다. 정말이다. 지금까지는 몸무게 10kg 빼기보다 책 10권 쓰는 게 더 쉬웠다. 사실 태어나서 지금까지 10kg을 빼 본 적도 없다. (부디 이번 생에 한 번은 그런 기적이 일어나길 바라고 있다.) 다이어트를 시도했을 땐 요요를 얻었지만, 책 쓰기를 시도했을 땐 저자 우지경이라고 인쇄된 책을 손에 쥐었다. 여행작가로 전향

후 13년간 책 12권(가이드북 10권, 에세이 2권)을 썼다. 팬데믹으로 여행 가이드북 출간이 중단 상태였던 3년을 제외하면 매년 한 권 이상 쓴 셈이다. 프로 다이어터에게 자신만의 비결이 있듯, 내게도 다작의 비법이 있다. 비결은 '공저'다.

공저란 무엇인가. 사전적 정의는 '책을 둘 이상의 사람이 함께 지음. 또는 그렇게 지은 책'이다. 둘 이상은 셋, 넷, 다섯은 물론이고 열 명 이상의 저자가 함께 책을 쓸 수 있다는 얘기다. 나의 첫 책은 무려 15명이 공저로 쓴 국내 여행 가이드북 『반나절 주말여행』이다. 15인의 저자는 동국대 여행작가 아카데미를 수료한 여행작가 지망생이었다. 혼자 쓰면 200꼭지를 다 취재해야 하지만, 함께하면 1인당 13~14꼭지만 맡으면 되는 1/N 전략을 펼친 셈이다. 책 표지 제목 아래 15명의 이름을 다 쓰기엔 너무 많아 여행작가 그룹 '꼰띠고(Contigo)'라는 이름도 지었다. 꼰띠고는 스페인으로 '너와 함께'라는 뜻. 15인의 저자는 꼰띠고라는 이름처럼 나란히 공동저자로 책날개에 이름을 올렸다.

저자가 되었다는 건 기획, 목차, 취재, 원고 마

감, 디자인, 1교, 2교, 3교, Ok교로 이어지는 책 출판 과정을 경험했다는 의미기도 했다. 책을 쓰기 전에는 미처 몰랐던 기나긴 절차였다. 산 하나 넘으면 또 산이 나오고, 마침내 모든 산을 넘으면 물을 건너는 기분의 연속이었다. 그래도 혼자가 아니라 외롭지는 않았다.

2013년 2월 중순 15인의 공동저자는 출판사의 기획 의도, '수도권에서 반나절이면 다녀올 수 있는 여행지 200곳을 소개하는 가이드북'에 맞춰 목차 작업에 돌입했다. 서울 시청을 기준으로 반나절 여행이 가능한 지역을 정하고, 지역별 메인 스폿을 리스트업하기 위해 한자리에 모였다. 다른 저자들은 어떤 생각이었는지 몰라도 나는 리스트업을 후다닥 하고 뒤풀이에서 시원한 생맥주나 한잔할 생각에 들떠 있었다. 순전히 오판이었다. 서울에서 반나절로 다녀올 수 있는 여행지를 경기도까지 넣을지 강원도나 충청도도 포함시킬지 시작부터 의견이 분분했다. 춘천은 경전철을 타는 강원도니 포함시키자. 원주도 자동차로 가면 금방 간다. 원주가 가까우면 횡성도 가깝지. 그러다 영

월까지 넣겠네. 말 그대로 15명 의견이 다 달랐다. 영 진도가 나가지 않는 건 필연적일 수밖에. 맥주는커녕 이러다간 목차를 못 정해서 책이 못 나올 것 같았다. 결국 몇 차례 회의를 거쳐 겨우 마무리했다. 목차를 완성하고 나니 뭔가 해낸 것 같았지만 이제 취재의 시작이었다.

취재 준비 과정도 생각보다 손이 많이 갔다. 한 꼭지(2쪽)를 구성하려면 메인 스폿 1곳, 서브 스폿 2곳, 맛집 2곳을 어디로 넣을지 정해야 했다. 각 스폿당 정해진 분량의 원고를 쓰고 정보(주소, 가는 법, 입장료 등)도 정리해야 했다. 밥과 찌개, 생선구이와 나물 반찬이 있는 5첩 반상을 차리기 위해 쌀을 씻고 재료를 다듬는 기분이랄까. '가이드북 한 권 쓰는 데 뭐 이렇게 할 게 많아' 싶다가도 같은 고민을 하고 있을 공저 작가를 생각하면 어쩐지 힘이 났다. 지구상에 내 마음을 알아줄 사람이 14명이나 있으니까.

다행히 취재는 즐거웠다. 단지 사진을 잘 찍어야 한다는 경미한 압박에 시달렸을 뿐. 가이드북 특성상 사진도 원고만큼 중요하므로 대충 찍을 수 없었다. 취재를 할 때마다 어디를 어떻게 찍어서 대표 사진으로 쓰면 좋을지 고민하며 사진 촬영을 했다. 메인 스폿이라고 해도 책에 쓰는 컷은 1장이지만, 디자인에 따라 가로를 쓸 수도 세로를 쓸 수도 있으니 장소마다 사진은 가로, 세로로 넉넉하게 찍었다. 아직 사진에 자신이 없으니 양으로 승부를 보자는 심산이었다. 그럼에도 불구하고 날씨가 흐려 사진이 칙칙하거나, 내가 촬영한 사진이 영 아니다 싶을 땐 다시 가서 찍었다.

끝은 또 다른 시작이라고 했던가. 취재의 끝은 원고 마감의 시작이었다. 정해진 분량에 맞춰 원고만 쓰면 되는데 말처럼 쉽지 않았다. 정보서라고 해서 정보만 나열하면 읽는 재미가 없을 터. 어떻게 하면 10줄에 장소의 고유한 분위기와 정보를 잘 담을까 고민하며 쓰다 보니 오래 걸렸다. 한 땀 한 땀 바느질하듯 쓴 원고를 약 3.5개월 만에 마감했을 때의 해방감이란! 맥주를 마시지 않아도 잘 얼린 얼음 잔에 따른 맥주를 마신 듯 속이 시원했다. 얼마 뒤 책으로 디자인된 글과 사진을 보자 마음이 벅차올랐다. 들뜬 마음을 누르며 교정을 봤다. 설렌다고 설렁설렁 보다가 오타를 놓칠 순 없었다. 마지막 교정을 볼 땐 15명이 카페에 모여 교정지를 돌려 보았다. 공교롭게도 카페 이름이 꼰띠고였다. 어쩐지 느낌이 좋았다. 이러다 대박 나는 거 아니야? 우리는 그 어느 때보다 사이좋게 김칫국을 나눠 마셨다.

그러는 사이 나는 퇴사 10개월 차에 접어들고 있었다. 딱 1년 여행작가에 도전해 보고 안 되면 다시 취직을 하겠다는 마음으로 회사를 그만둔 터였다. 1년이라는 유효기간을 둔 건 30대 중반에 새로운 일에 도전하는 게 신나지만 무모한 도전처럼 느껴진 탓이다. 『반나절 주말여행』을 쓰는 사이, 티웨이라는 항공사 기내지에 기사도 썼다. 하지만 아직 책은 출간 전이고, 기내지에 기고한 건 단 3회. 이런 나를 여행작가라 불러도 될까? 아직은 여행작가가 되려고 기웃거리는 백수지. 직장인에서 여행작가라는 직업인으로 제대로 전향하려면 더 많은 일과 수입이 필요했다.

다시 홍보업계로 돌아가야 하나. 이 정도 일은 회사에 다니면서도 할 수 있는 게 아닐까. 하고 싶은 일과 잘할 수 있는 일은 다른 걸까. 취업 전선에 뛰어들어야 하나. 스스로 정한 1년이라는 시간이 다가올수록 초초해져 하루에도 몇 번씩 재취업을 떠올렸다. 하루는 남편을 붙잡고 이야기했다.

"여보, 나 점 보러 갈까?"

"갑자기 점은 왜?"

"퇴사한 지 1년이 다 돼 가는데 답답해서."

"다시, 회사로 돌아가려고?"

"그건 아닌데, 돌아가려면 더 늦기 전에 취업전선에 뛰어들어야 하지 않나 싶어서."

"제2의 직업을 찾겠다더니, 이대로 다시 취직하면 1년 후에 후회 안 할 자신 있어?"

"…."

후회 안 할 자신은 없었다. 대답 없이 우물쭈물하는 내게 남편은 확신에 찬 목소리로 말했다.

"나는 미래가 보여. 다시 취직하면 너 술 마실 때마다 말할걸. 그때 여행작가를 해야 했다고."

너무 맞는 말이라 피식 웃음이 나왔다. 점은 보러 가서 무엇 하리. 남편이 내 미래를 보는데. 점 따위 보러 가지 않기로 했다. 며칠 뒤 『반나절 주말여행』 작업을 함께한 출판사 대표님에게 전화가 걸려 왔다.

"지경씨, 대만 가이드북 한 번 써 볼래요?"

잘못 들은 건가. 보이스 피싱 아니겠지? 실감이 안 났다. 꺅 소리를 지르고 싶은 마음을 누르고 "정말요?"라는 세 글자로 되물었다. 정말이라고 했다. 인정받았다는 기분이 들자, 오만함이 슬며시 밀려왔다. 혹시, 내가 원고를 잘 써서 연락하셨나? 팩트 체크를 위해 이유를 물었더니 "지경씨는 홍보 출신이잖아요. 보도자료 쓰던 사람이니 마감은 잘 지킬 것 같아서."라는 답이 돌아왔다. 예상 밖이었지만 일리 있게 들렸다. 게다가 대표님은 내가 63빌딩 홍보 담당이던 시절, 모 스포츠지 여행기자였다. 홍보 담당과 출입 기자에서 여행작가와 출판사 대표로 다시 만나 반가웠는데, 해외여행 가이드북 집필 제안을 받다니! 홍보 일에 매진했던 노력을 이렇게 보상받는구나. 이제부터 뒤돌아보지 않고 직진만 하고 싶었다. 하지만 대만은 티웨이 기내지 취재로 다녀온 게 전부였다. 앞으로 취재를 더 자주 갈 예정이긴 해도, 도시도 아니고 국가 가이드북을 혼자 쓸 엄두가 나지 않았다. 중국어도 못하는데. 쓰고 싶지만 쓰기 두려웠다. 『반나절 주말여행』 공동저자 중 한 명이 떠올랐다. 직업이 교사이니, 방학을 활용하면 취재도 하고 함께 쓸 수 있을 것 같았다. 무엇보다 나는 그 친구의 따뜻하면서도 말랑한 글이 좋았다. 용기 내어 연락했다.

"나랑 같이 대만 가이드북 써 볼래?"

"좋아요!"

그렇게 나의 첫 공저 책이 출간되기도 전에 두 번째 공저 프로젝트가 시작되었다.

『반나절 주말여행』은 2013년 가을 415페이지의 책이 되어 세상에 나왔다. 책을 기다리던 공동저자들은 한자리에 모여 실물을 영접했다. 다들 좋아서 호들갑을 떨며 칭찬을 늘어놓았다. 그날 하루는 자화자찬으로 점철되어도 좋을 것 같았다. 누구의 아이디어인지는 기억나지 않지만 책에 서로의 사인을 남겼다. 롤링페이퍼 돌리듯 책을 돌려 가며 저자 사인을 하는데, 자꾸만 웃음이 났다. 공저로 쓴 책을 손에 들고 넘겨 보는 기분은 보글보글 이는 샴페인 거품처럼 경쾌했다. '혼자 책 한 권 출간하기'보다 '공저로 한 권 출간하기'로 목표를 작게 세운 덕에 맛본 성취감이었다.

가족과 친구들에게 얼른 책 출간 소식을 알렸다. 가장 먼저 책을 산 친구 연실은 앞으로 저자 사인할 일이 많을 거라며 라미 펜을 선물해 주었다. 연실의 예언은 곧 현실이 되었다. 동생 주현이가 내 책을 10권 주문했으니 직접 사인을 하라고 했다. 저자 사인본을 제부 회사 사람들에게 선물하겠다고 했다. 쑥스러웠지만 통 큰 동생의 응원에 기운이 불끈 났다. 출간의 기쁨을 만끽하는 사이 내 마음속 깊은 곳엔 어느새 자신감 마일리지가 쌓여 있었다. 책 쓰는 게 그리 어렵지 않으니 두 번째 책은 더 잘 쓸 수 있을 거란 밑도 끝도 없는 자신감. 그 마일리지 덕에 출판사 대표님이 내민 계약서에 덜컥 사인을 할 수 있었다. 앞으로 어떤 일이 나를 기다리는지 모른 채.

좋아하는 일에는 방법이 생긴다

'좋아하는 일에는 방법이 생기고 좋아하지 않는 일에는 변명이 생긴다'라는 말이 있다. 내가 한 말은 아닌데 내가 한 말 같은 이 문구는 필리핀 속담이다. 필리핀 사람은 아니지만, 하고 싶은 일은 방법을 찾고 하기 싫은 일은 하지 않으려 온갖 핑계를 대는 게 꼭 나 같다. 여기에 '다행이야 정신'까지 장착하면, 어떤 상황에서도 티끌만 한 희망을 찾아낼 수 있다. "퇴사 1년이 되기 전에 대만 가이드북 제안을 받아서 얼마나 다행"이냐는 말을 하는 순간 막막했던 마음이 양양해져 한 발 한 발 앞으로 나아갈 수 있었던 것처럼.

2013년 8월 28일 이렇게 빨리 진행이 되니 천만다행이라고 생각하며, '위 저작물을 출판 및 전송하는 데 있어 저작권자 우지경을 갑이라 하고'로 시작하는 『타이완 홀리데이』 출간 계약서에 사인했다. 네이밍 회사부터 홍보대행사, 기업 홍보 담당까지 12년 사회생활 내내 '을'로 살아온 나로서는 출판사가 아니라 저자가 '갑'으로 표기된 게 놀라웠다. 내가 갑이 될 상인가? 난생처음 갑이 된 감상에 젖는 것도 잠시, 계약서에 명기된 2014년 2월 28일까지 완전한 원고를 을(출판사)에게 인도하기 위해 해야 할 일이 태산이었다. 좋아서 시작한 일. 방법을 찾아야 했다.

첫 번째 할 일은 목차를 위한 자료 조사였다. 자료가 많다 하되 하늘 아래 뫼이로다. 찾고 또 찾으면 못 찾을 리 없다는 마음으로 방법을 찾기 시작했다. 때는 2013년 가을. 그때만 해도 국내에 경쟁서라고 할 만한 대만 가이드북이 한 권뿐이었다. 내게는 첫 타이베이 여행에서 사 온 타이베이 여행책 두 권이 있었다. "현지에서 사 온 여행책을 참고할 수 있으니 만만다행"이라고 했지만, 사소한 문제가 있긴 했다. 중국어 까막눈인 내게 종이는 흰색이요, 글씨는 검은색일 뿐. 책을 눈앞에 두고도 읽을 수 없었다. 일단 웃픈 상황을 여기저기 소문내 보았다. 그러자 한 친구가 서울대 강사인 남편의 조교가 화교라며 소개해 줬다. 나는 캠퍼스로 찾아가 그 학생을 붙들고 책에서 궁금했던 내용을 물었다. 틈만 나면 먹으러 대만 여행을 떠난다는 학생은 책에 없는 정보까지 알려 주었다. 또 다른 친구는 화교인 옛 회사 후배를 소개해 줬다. 친구 후배를 통해 대만 현지에 사는 화교들에게 맛집 정보까지 얻었다. 그 덕에 목차 작업을 생각보다 수월하게 해낼 수 있어 얼마나 다행인지 모른다.

두 명이 의기투합해 쓰는 책이라 15명이 『반나절 주말여행』 목차를 작업할 때보다 조율이 쉬웠다. 공저 작가와 나는 취재 범위를 나누고 일정을 짰다. 타이베이는 각자 다녀오고 그 외 지방은 함께 다녀오기로 했다. 프리랜서인 나는 당장이라도 떠날 수 있었지만, 취재비 마련이 시급했다. 우리에게 주어진 취재비는 없었다. 선인세 100만 원이 있을 뿐. 그마저도 둘이 반으로 나누면 50만

원. 50만 원으로 대만 전국 방방곡곡을 취재한다는 건 말도 안 되는 이야기였다. 누가 등 떠민 것도 아니고 좋아서 시작한 일. 이번에도 방법을 찾아야 했다. 다행히 나는 티웨이 기내지에 기고를 하고 있었다. 당시 티웨이 기내지 편집장을 맡은 대선배 여행작가를 찾아가 사정을 이야기했다. 가이드북을 쓰게 되어 대만을 여러 번 다녀와야 하니 앞으로 대만 기사를 전담하게 해 달라고. '안 되면 말고 정신'으로 돌직구를 날렸는데, 흔쾌히 승낙해 주어 얼마나 다행인지!

타이베이를 제외한 지방 취재 협조는 63빌딩 홍보 담당자 시절의 경험을 역으로 살려 대만관광청 문을 두드리기로 했다. 그 시절 내 업무 중 하나는 취재 협조였다. 온갖 매체와 프로그램에서 수족관, 전망대 등에 취재를 요청하면 협조 여부를 정하는 게 내 역할이었다. 기준은 명확했다. 취재 협조 시 긍정적인 이미지로 홍보가 될 것인가. 그때를 떠올리며 어떤 출판사에서 만드는 어떤 가이드북이고 이 책이 출간될 경우 대만이 얼마나 홍보가 될지에 대해 정리해 제안서를 썼다. 해외 가이드북 집필이 처음인 신인 작가 둘이 쓴다고 하면 믿음이 안 갈 것 같아, 출판사 대표님을 대동해 대만관광청을 찾아가 제안서 브리핑도 했다.

첫 취재를 떠나기 전, 카메라를 잘 다루지도 못하는 주제에 DSLR을 시원하게 지르는 결단을 내렸다. 누군가는 가이드북 쓰는 데 꼭 DSLR이 필요하냐고도 물었지만 전업 여행작가로 일하려면 장비 투자가 필요하다는 판단에서였다. 가이드북용 사진만 찍을 게 아니라 신문, 잡지 등에 기고할 때 쓸 A컷 사진도 찍으면 카메라 값이 아깝지 않을 테니 투자가 분명했다. 망설임은 배송을 미룰 뿐. 주머니 사정과 카메라와 렌즈 무게를 고려해 캐논 6D에 24105 렌즈를 샀다.

새 카메라를 고이 들고 타이베이로 떠나기 전, 추석을 맞아 부산 본가에 들러 평온한 명절을 보냈다. 명절 끝 무렵엔 다 같이 엄마가 운전하는 차를 타고 외출했는데, 뒤쪽에서 쿵 소리가 났다. 교통사고였다. 나란히 앉은 남편은 멀쩡했는데 나는 몸이 앞으로 쏠리며 왼쪽 손목이 심하게 꺾였다. 아팠다. 대망의 첫 타이베이 출장이 코앞인데 물리치료를 받아도 통증이 줄지 않았다. 손목 고정을 위해 붕대 신세를 지게 됐다. 출장 날짜가 다가와도 손목 통증이 가시지 않았다. 결국 병원에서 붕대 8개를 받아 출장길에 올랐다. 매일 아침 혼자 오른손으로 왼손 붕대를 감는 게 어려웠는데, 든든한 친구 은비가 여행에 합류해 아침마다 붕대를 감아 주었다. 한 손에 붕대를 감은 채 커다란 카메라를 들고 함께 타이베이를 여행하는 모습은 흡사 운전면허를 따자마자 고급 세단을 덜컥 사 버린 초보운전자와 비슷했지만, 나는 이렇게 말했다. "그래도 왼손이라 다행이야. 사진 찍는 데는 지장이 없잖아. 오른손이었으면 어쩔 뻔했어."

타이베이 취재를 다녀와서는 병원을 오가며 부지런히 원고를 썼다. 때때로 보험사 담당자가 전화해 내 손목의 안부를 물었다. 아프다고 해도 자꾸 합의를 하자며, 약소한 합의금을 제시했다. 나는 치료를 더 받겠다고 했다. 손목이 아프지 않을 때까지 합의할 생각이 없었다. 무거운 DSLR을 들고 일하는 여행작가의 손목은 소중하니까. 그저 부지런히 타이베이를 오가며 취재와 마감에 매진했다. 일간지 기고를 시작해 타이베이 현지에서 대만 기사를 마감하기도 했다. 그 결과 현지에서 내가 쓴 기사가 한국경제 신문 여행면 전체(전면 기사)에 실렸다. 63빌딩 3층 회의실에서 여행 기사를 읽으며 나도 이런 글을 쓸 수 있을까 생각했는데, 그 생각이 현실이 되다니! 지나가는 사람 붙들고 자랑하고 싶을 만큼 기분이 좋았다. 대만관광청 담당자에게도 기사를 보냈다. 얼마 후 대만관광청으로부터 『타이완 홀리데이』 중 지방 도시 취재 숙박 비용을 지원해 주겠다는 연락을 받았다. 마음이 벅차올랐다. 정말 다행이었다.

그해 겨울 마지막 타이베이 취재를 가는 공항철도 안에서 한 통의 전화를 받았다. 보험사 담당자였다. 연말이니 제발 합의해 달라고 했다. 내가 지금도 카메라를 들고 해외 취재를 가는 길인데 새해에 또 손목이 아프면 어쩌냐고 되묻자 그는 지난번보다 큰 합의금을 제시했다. 그 정도면 병원도 가고 이번 취재에도 보탬이 될 것 같아 합의하기로 한 후 생각했다. "이렇게라도 취재비를 조달할 수도 있어 다행"이라고.

놀고먹기 전문가의 여행법

빡빡한 여행 일정을 싫어한다. 계획과 무계획을 버무린 여정에 우연이 끼어들 여백을 남겨 두고 싶다. 이건 어디까지나 일로 여행을 하지 않을 때 이야기다. 가이드북을 쓰기 위해 떠나는 여행은 물 샐 틈 없이 촘촘하게 스케줄을 짠다. 목차에 리스트업한 관광지, 맛집, 쇼핑 스폿을 다 둘러보려면 느슨하게 짤 수가 없다. 엑셀로 표를 만들어, 오전과 오후엔 명소(궁, 박물관, 공원 등)를 다녀오고, 점심과 저녁은 맛집을 취재할 일정을 잡을 수밖에.

가이드북 저자 모드에 온에어 불이 켜지면, 목

차를 짤 때부터 분주하다. 국가 가이드북을 쓸 경우 도시별로 비중을 나누고, 비중이 높은 도시는 지역을 나눠 지역별 명소와 맛집, 쇼핑 스폿 목록을 정리한다. 눈에 불을 켜고 국내뿐 아니라 해외 자료도 뒤진다. 그렇게 발견한 장소는 구글맵에 별을 찍어 저장해 둔다. 구글맵에 미리 저장해 두면 현지에서 따로 입력할 필요 없이 찾아가기 쉬우니까. 사실, 나는 당장 여행 계획이 없더라도 언젠가 가고 싶은 도시의 맛집이나 수영장 등 멋진 장소를 발견하면 구글맵에 저장한다. 이를테면 이탈리아를 가기도 전에 구글맵에 토스카나의 와이너리와 카페, 레스토랑이 별이 되어 반짝이는 것이다. 그러다 그 도시로 여행을 가면, 아껴 둔 초콜릿 상자에서 초콜릿을 한 알씩 꺼내 먹듯 저장해 두었던 장소를 하나씩 찾아가는 행복을 누릴 수 있다. 여러분도 시도해 보시길!

취재 모드일 땐 구글맵에 별 하나를 찍을 때도 신밀해진다. 예를 들어 포르투갈 가이드북을 쓸 때, 해리포터에 영감을 준 장소로 유명한 '렐루 서점'을 관람한 사람들이 아름답지만 붐비는 서점을 둘러보느라 지칠 수 있으니, 쉬어 갈 노천 카페는 꼭 넣고 싶다는 마음으로 주변 카페를 몇 군데 골라 구글맵에 저장한다. (현지에서 둘러본 후 가장 추천할 만한 곳을 책에 소개한다.) 기념품을 사기 좋은 가게를 소개할 때도 구글맵을 들여다보며 접근성이 좋은 지점을 선택한다. 가끔 나도 놀란다. 내 여행 준비에는 느슨한데 '어떻게 하면 잘 놀고, 먹을 수 있는지' 여행 정보를 전달하기 위해 이토록 치밀해지다니. 다행히 이 준비 과정을 즐기는 편이다. 내가 구글맵에 찍은 별이 직접 가 보면 반짝반짝 빛나는 공간이길 바라며.

막상 여행을 떠나서는 '계획은 계획이고 여행은 여행이로다' 하는 마음가짐으로 다닌다. 이게 뭔 '산은 산이요, 물을 물이로다' 패러디냐고? 아무리 계획을 잘 짜서 가도 돌발 상황이 생기기 마련인데, 그럴 때면 심호흡을 하고 '그럴 수도 있지' 하고 받아들인다. 그렇지 않으면 멘탈과 돈과 체력이 탈탈 털릴 수 있으므로. 대신 플랜A로 진행되지 않을 때, 재빨리 플랜B를 생각해 내는 순발력은 길러 두었다.

온갖 변수 중 통제할 수 없는 변수는 날씨다. 날씨가 유난히 좋아 툭 찍어도 사진이 잘 나오고, 정해 놓은 일정대로 착착 취재가 진행되는 날도 있지만, 일기예보는 분명 '맑음'이었는데 아침부터 비가 추적추적 내리기도 한다. 그런 날엔 얼른 일정을 변경한다. 개인 여행이라면 비도 오는데 오전에 숙소에서 쉬고 점심 식사 후 슬렁슬렁 미술관에 갈 수도 있지만, 가이드북 취재 모드가 활성화된 상태로는 천부당만부당한 일이다. 야외로 가려 한 계획을 실내로 바꾸고 그 근처 맛집이나 가게를 취재하는 식이다. 국가 가이드북 취재 중이라 도시별로 며칠씩 일정을 잡고 정해진 시간에 이동해야 하는 상황이라면 더욱더 시간을 허비할 수가 없다. 하필 오늘이 케이블카를 타고 알프스 산 위에 올라가기로 한 날이고 내일은 다른 도시로 이동해야 한다면 비가 와도 케이블카를 타야 한다. 그러다 보면 여행이라기보다 미션을 수행하는 것 같다. 분명 부지런히 놀고먹고 있는데 문득 문득 이런 생각도 든다. 난 누군가, 여긴 어딘가.

가이드북을 쓰기 전엔 내 취향인 곳만 쏙쏙 골라서 즐기는 여행을 했는데, 가이드북을 쓰면서는 내 돈과 시간과 에너지를 들여 남의 취향인 곳도 듣고 보고 느끼는 여행을 하게 됐다. 동전에도 양면이 있듯, 좋아하는 일을 하며 돈을 버는 것처럼 보이는 여행작가도 막상 여행지에서 좋아하는 일만 하지 못한다. 그럴 땐 투덜댄다. 투덜거리면서도 1절만 투덜대려고 한다. 놀이와 일이 구분되지 않는 이 삶은 내가 선택했으니까.

겪어 보니 '생각해 보지 않은 일 하기'도 나쁘지만은 않았다. 때때로 내 취향이 아닌 여행은 또 다른 나를 발견하게 해 주었으므로. 『괌 홀리데이』라는 가이드북 취재 중 거절하고 싶은 제안을 받은 적이 있다. 스카이다이빙 업체에서 가이드북에 소개해 주는 조건으로 무료 체험을 제시한 것. 그전까지 누가 등을 떠밀지 않는 이상 스카이다이빙을 하겠다는 생각은 단 한 번도 해 본 적 없어서 흔쾌히 예스를 외치진 못했다. 아무리 협찬이라도 굳이 목숨을 걸고 직접 뛰어내려야 하나. 다른 사람들이 뛰어내리는 것만 봐도 되지 않을까. 고민 끝에 해도 후회 안 해도 후회할 거라면 일단 해 보자는 마음으로 스카이다이빙에 도전했다.

4,200미터 괌 상공에서 뛰어내리기 위해 점프 수트를 입고 장비를 착용한 후 경비행기를 타고 점프 지점까지 이동하면서도 실감이 안 났다. 격납고를 지나 소형비행기를 향해 걸어갈 땐 영화 〈탑건〉의 주인공이 된 것 같아 으쓱했고, 비행기에 탑승해 괌 풍경을 내려다볼 땐 항공 촬영을 나온 카메라맨이 된 것 같아 설렜다. 경비행기 문이 열리자, 아찔했다. 과연 뛰어내릴 수 있을까. 왜 이걸 한다고 했을까. 내가 미쳤지. 하, 온갖 후회가 밀려왔다. 아무리 노련한 탠덤 스카이다이버와 함께 뛰어내린다지만 너무 두려웠다. 탠덤 스카이다이버는 원투쓰리를 센다더니 원투 만에 뛰어내렸고, 나는 저항할 새도 없이 덩달아 뛰어내렸다. 눈을 떠 보니 구름 위를 날고 있었다. 막상 하늘에 떠 있으니 뛰어내리기 전만큼 무섭지 않았다.

그날 나는 4,200미터를 시속 200킬로미터로 낙하하며 웃었다. 슈퍼맨을 따라 나는 것마냥 짜릿했다. 탠덤 스카이다이버가 나의 슈퍼맨이었다. 낙하산을 펴고 착륙하기 전까지는 패러글라이딩의 세계도 느껴 볼 수 있었다. 두 발로 땅에 무사히 착지하자, 또 하고 싶다는 생각이 슬며시 들었다. 어라, 나 익스트림 스포츠 좋아했네. 그날 이후 여행지에서는 관심이 없었던 일도 시도해 보려고 한다. 의외로 나랑 잘 맞을지, 아닐지는 해 봐야 알 수 있으니까.

몇 년 뒤 튀르키예의 휴양지 욀뤼데니즈를 여행할 땐 누가 등 떠밀기도 전에 패러글라이딩을 하겠다고 나섰다. 뒤로는 바바다그산, 앞으로는 해변과 석호에 둘러싸인 욀뤼데니즈는 스위스 인터라켄, 네팔 포카라와 더불어 세계 3대 패러글라이딩 명소로 꼽힌다. 영화 〈007 스카이폴〉에서 다니엘 크레이그가 몸을 던진 장면도 여기서 촬영했다. 일행 중엔 비싸다고 주저하는 사람도 있었지만, 나는 패러글라이딩 성지에 왔는데 패러글라이딩을 하지 않는 것은 예의가 아니라며 냉큼 결제했다.

이튿날 오전 7시, 거목 사이로 떠오르는 해의 축복을 받으며 산에 올랐다. 어제처럼 비가 오지 않고 맑아서 다행이라 생각했는데, 산꼭대기에 이르자 온화한 빛은 자취를 감춰 버렸다. 그 자리에 남은 것은 차가운 바람. 꽤 많은 사람이 날아오를 준비를 하고 있었다. 계절은 초가을인데 체감 온도는 한겨울. 팔에 닭살이 돋았다. 부스럭거리며 캐노피를 정리하던 담당 파일럿 야부스가 빨간 패딩을 내밀었다. "춥죠? 이거 입어요." 감동의 순간도 잠시, "바람이 거세서 앞쪽이 아니라 뒤로 뛰어야 해요. 할 수 있겠죠? 뛰어요! 뛰어! 뛰어!" 뒷걸음질, 아니 뒤로 달리기를 시작한 지 몇 초 만에 몸이 붕 떠올랐다. 600여 미터 높이의 상공은 고요했다. 하루에 대여섯 번 하늘을 난다는 야부스는 잠깐 눈을 감고 오직 바람만을 느껴 보라며 아이폰으로 음악을 틀어 주었다. 눈을 감고 바람을 타는 기분이 어찌나 편안한지 긴장이 스르르 풀려, 줄을 꼭 쥐었던 두 손을 양옆으로 펼쳐 보았다. 눈을 뜨자 손 아래로 푸른 지중해와 욀뤼데니즈 해변이 그림처럼 펼쳐졌다. 고개를 돌리면 블루 라군과 험준한 산맥이 시야에 들어왔다. 보드라운 바람이 뺨을 스쳤다.

300여 미터 높이의 상공에 이르자 야부스는 여러 각도에서 사진을 찍어 주기 시작했다. "카메라를 봐요, 다리를 펴, 다리를 꼬아 봐요!" 하늘 위에서 인생샷을 남기겠다고 노련한 조련사의 지시에 따라 재주를 부리는(?) 내 모습이 우스워서 웃음이 났다. 웃으며 사진을 찍다 보니 어느새 해변으로 착지할 시간이 돼 버렸다. 그날 해변을 거닐며 생각했다. 그때 괌에서 등 떠밀려(?) 스카이다이빙을 하길 다행이라고. 그날 이후 내가 세 배는 용감해졌다고. 앞으로도 타인의 여행 취향을 존중하며 씩씩하게 여행하고 싶다.

여행작가는 이렇게 글을 쓴다

'이런 글은 나도 쓸 수 있겠다'고 생각하는 대표적인 장르가 여행기인 것 같다. 나 역시 여행기는 누구나(여행이 싫어서 죽어도 여행을 떠나지 않는 사람을 제외하고) 쓸 수 있다고 생각한다. 많은 이가 여행을 좋아하고, 여행하며 취향이나 행복, 때로는 용기를 찾아서 돌아오므로. 하지만 많은 이가 써야지, 써야지, 나중에 써야지 하며 미루고 또 미루다가 안 쓰기도 한다. 이것만은 분명하다. 여행기는 여행 직후에 쓸수록 생생하게 쓸 수 있다. 여행작가라고 다를 바 없다. 다행히(?) 마감이란 게 있어서 여행작가들은 여행을 다녀온 후 바로 글쓰기에 돌입하는 편이다.

예열이 필요하지 않냐고? 예열이야 여행 전에 이미 하고 있다. 모로코 여행을 떠난다고 해 보자. 이번 여행의 테마는 사막이니 사하라 사막과 낙타에 대해 자료를 찾아보며 이런저런 영감을 받는다. '영감'이라고 해서 거창하게 생각할 필요 없다. 여행 가기 전 정보를 찾으며 관심이 가는 것에 대해 쓸 궁리를 해 보는 것이다. 참 쉽죠?

쉬운데 사람들은 잘 모르는 글쓰기 비법 하나 더 공개해 볼까? 글쓰기에는 세 단계가 있다. 구상하기, 쓰기, 퇴고하기. 세 단계만 거치면 어떤 글이든 쓸 수 있다. '글'로 돈을 버는 나 같은 '글로 노동자'라면 누구나 이 과정을 거칠 것이다. 칼럼을 연재하거나, 기사를 쓰거나, 책을 쓸 때 대부분 구상부터 한다. 여행을 떠나기 전에 하면 더 좋고, 미처 못 하고 떠나더라도 여행지에서 이런 장소는 이렇게 소개하면 좋겠다, 혹은 이런 에피소드는 어떤 식으로 풀면 좋겠다고 머리를 굴리며 돌아다닌다.

보고, 먹고, 들으며 여행지에서 겪는 경험도 소중히 여긴다. 그만 좀 찍으란 소리를 들을 정도로 사진을 찍는다. 내 시선이 담긴 한 장을 위해 공들여 찍기도 하지만, 잊지 않기 위해 기록하는 사진도 있다. 현지인에게 듣는 이야기는 그때그때 스마트폰 메모장에 기록하거나 녹음도 한다. 밤마다 촬영한 사진을 노트북이나 외장하드나 클라우드 등에 옮기는 것도 일이다.

일본 간사이 사케 여행을 출장으로 떠났을 때의 일이다. 출장 테마는 '사케 여행'이고, 하루에 두 곳씩 양조장을 방문하는 일정의 연속이었다. 일정표를 보는 순간 고민됐다. 어떻게 하면 비슷비슷해 보이는 양조장 각각의 개성을 보여 주며 사케 여행의 맛을 느끼게 할까. 이럴 땐 책이나 기사를 찾아보면서 공부하는 게 도움이 된다. 그동안 여행을 다니며 로컬 맥주를 꼬박꼬박 챙겨 마시다 보니 맥주와는 막역한 사이가 되었지만, 사케와는 서먹한 사이라 전문 서적 두 권을 주문했다. 책을 읽고 사케는 일본식 청주를 뜻하는 고유명사로 쌀, 물, 누룩, 효모를 써서 만드는 양조주고, 양조용 쌀 주조미를 쓰며 사케 만드는 전 과정에 장인의 손길이 필요하다는 것도 알게 됐다.

그 덕에 각 양조장별로 물, 쌀, 주조사 등 사케 원료를 부각해 기사를 쓰게 됐다. 여기까지가 '구상하기'에 해당된다.

구상 후 여행기를 쓸 때는 어떻게 하면 그 장소를 오감으로 표현할까 고민하며 쓴다. 물 좋기로 유명한 '월계관 오쿠라 기념관'을 소개할 땐 물의 소리를 부각시켜 첫 문단을 썼다. "참으로 청신한 물소리다. 후시미 겟케이칸 오쿠라 기념관 안뜰의 대나무 통에서 맑은 물이 돌림노래처럼 졸졸졸 흘렀다. 그 물을 사케 시음 잔에 받아 마시자, 술의 마을 후시미에 왔다는 게 실감이 났다." (첫 문단을 이렇게 시작한 덕에 기사에는 대나무 통에서 흐르는 물을 사케 시음 잔에 받는 사진이 실렸다.) 청아하다고 할까 청신하다고 할까 고민하다 고전적인 시구 같은 느낌으로 써 보고 싶어서 '청신하다'는 단어를 골랐다. 다음 문장은 양조장의 첫인상을 어떻게 표현할까 고민하다 대나무 통에서 흐르는 물소리가 돌림노래 같다고 묘사했다. 이렇게 첫 문장, 두 번째 문장을 쓰고 나면 글이 물 흐르듯 써질 때가 있다. 글로 노동 현장의 뿌듯한 순간이다.

겟케이칸 오쿠라 기념관 코헤이 호시노 매니저의 설명도 포착해서 기사에 담았다. "사케의 주재료는 쌀이라고 생각하기 쉽지만, 사케의 80%는 물입니다. 그만큼 물맛이 사케 맛을 좌우하지요. 연수를 쓰면 부드러운 맛의 사케가, 경수를 쓰면 묵직한 맛의 사케가 만들어집니다. 그래서 후시미 사람들은 후시미의 부드러운 물이 사케 맛을 부드럽게 만드는 열쇠라고 여겨요." 나는 이렇게 여행지에서 만난 사람의 생생한 말로 보여 주는 글을 좋아한다. 이런 글을 위해 현지인과 대화를 받아 적곤 한다.

가이드북 『오스트리아 홀리데이』를 쓸 때가 생각난다. 관광청의 협조를 받아 2박 3일간 현지 가이드 엘리자베스와 함께 인스브루크 구석구석을 둘러보았다. 날씨가 따라 주지 않아 며칠간 눈치게임을 하다 마지막 날 산악열차를 타고 오스트리아의 알프스 노르트케테에 올랐다. 케이블카에서 내려 정상을 향해 돌진하는 나를 엘리자베스가 만류했다. "정상에는 아무것도 없어요. 주변을 둘러봐요. 풍경을 즐겨야죠. 인스브루크 사람들만 아는 자리를 알려 줄게요." 그 한마디로 한국인과 오스트리아인이 산을 대하는 태도 차이를 느낄 수 있었다. 그 말을 메모해 두었다가 칼럼을 쓸 때 인용했다. 글로 쓰고 나니 산 정상에 오를 일이 생기면 엘리자베스의 말이 떠오른다. 어쩌면 내가 배우고 싶었던 태도였는지도 모르겠다.

인터뷰 기사를 쓸 때처럼 여행 전에 질문을 준비해 가기도 한다. 포트와인의 산지 포르투를 여행할 때는 현지인과 대화를 할 기회가 생길 때 마다 "포르투 사람들은 포트와인을 얼마나 자주 마셔요?"라고 묻다가 이런 답을 들었다. "포르투 사람의 부엌에는 세 가지가 꼭 있어야 해요. 빵, 바칼라우(염장 대구) 그리고 포트와인. 빵과 바칼라우는 일상적인 식사 재료고, 포트와인은 손님 대접용이에요. 귀한 손님을 위한 식사에는 디저트와 포트와인이 빠질 수 없죠." 그 말에 귀한 손님이 된 기분으로 마시고 있던 포트와인을 마지막 한 방울까지 달게 마셨다. 그리고 그 이야기는 중앙일보 위크앤드에 1년간 연재한 〈우지경의 Shall We Drink〉 '포르투에서 포트 와인 한 잔' 편에 고스란히 실었다. 이 이야기 역시 글로 쓴 덕에 생생하게 기억하고 있다.

어디를 여행하든 여행할 때 한 번, 여행을 글로 쓸 때 다시 한 번, 두 번 여행하는 기분을 느낀다. 기록을 하면 비로소 여행의 조각이 완성되는 것 같다. 여행작가여서 고단하지만 즐거운 대목이다. 사실, 여행기를 쓰면 누구나 두 번 여행하는 기분을 만끽할 수 있다. 이왕이면 구상하고, 쓰고, 퇴고하는 글쓰기의 세 단계를 밟아 보시길!

코소보도 다 사람 사는 곳이야

문득 코소보(Kosovo)에 간다고 했을 때 주위의 반응이 떠오른다. 10명 중 10명이 위험하지 않냐고 물었다. 남편은 이맛살을 찌푸리며 말했다. "내가 영화 〈테이큰〉의 리암 니슨인 줄 알아? 무슨 일이 생겨도 구해 주러 못 가. 살아서 돌아와." 그 표정이 어찌나 비장한지, 아주 잠깐 비밀 요원이 돼 임무를 수행하러 가는 듯한 착각마저 들었다. 하지만 나는 이내 대수롭지 않게 대꾸했다. "여보, 코소보도 다 사람 사는 곳이야. 걱정하지 마."

남아공에 갈 때도, 카자흐스탄에 갈 때도, 멕시코에 갈 때도 남편과 비슷한 대화를 나누었다.

그때마다 남편은 내가 안전 불감증이라고 했다. 민감한 편은 아니지만 나도 낯선 나라로 떠날 때면 두 가지 대비를 한다. 첫째, 여행자 보험을 든다. 코소보에 갈 땐 남편이 꼭 가야 되냐는 말을 몇 번이나 더 해서 사망 보험금 2억짜리 비싼 보험을 들었다. (혹시 무슨 일이 생겨도 리암 니슨이 아니어서 구하러 못 온 남편이 죄책감 따위 갖지 말고 일상을 살아가길 바라며.) 둘째, 생각을 입 밖으로 내어 말한다. 아무리 낯선 나라도 다 사람 사는 곳이라고. (아 남아공은 동물도 많이 사는 곳이긴 하다.) 타국의 치안이 좋지 않을 수는 있지만, 가 보기도 전에 인심까지 나쁠 거란 편견을 갖지 않으려 한다.

많은 사람이 코소보 하면 떠올리는 '코소보 내전'은 이미 26년 전에 끝났다. 1998년에 일어난 코소보 내전을 축약해서 말하면 세르비아로부터 분리·독립을 요구하는 알바니아계 코소보 주민과 세르비아 정부군이 대립한 유혈 충돌이다. 1999년 나토(NATO) 병력이 개입해 세르비아의 항복을 받아 내며 끔찍한 사태는 종결됐고, 2008년 2월 코소보는 독립했다.

"사람들은 아직도 코소보가 안전한지 물어요. 전쟁이 끝난 지 20년이 지났는데 말이죠." 코소보에 도착한 날 가이드 베킴에게 들은 말이다. 듣고 보니 이런 생각마저 들었다. '전쟁' 이슈로만 비교하면 휴전 상태인 한국에 비해 전쟁이 종결된 코소보가 더 안전한 거 아닌가? 고개를 끄덕이는 내게 베킴은 이런 말도 했다. "코소보 사람들은 손님이 오면 기꺼이 밥과 잠자리를 내준답니다." 이번엔 바로 수긍하기가 힘들어 고개를 갸우뚱거리며 짧고 굵게 되물었다. "리얼리?" 베킴은 뭐 그렇게 당연한 말에 놀라냐는 표정으로 코소보 속담을 하나 알려 줬다. '집의 주인은 첫째 신이요, 둘째는 손님, 셋째가 나다.'

며칠 뒤 쥬니크(Junik)라는 시골 마을에서 설마 했던 코소보의 환대 문화가 진짜란 걸 느낄 수 있었다. 쥬니크에는 코소보 내전에도 살아남은 전통 가옥 쿨라(kulla)가 여럿 자리한다. 그중 350년 된 주메르 할아버지의 쿨라에 초대받았다. 양모로 만든 둥그런 전통 모자 켈레쉬(qeleshe)를 쓴 할아버지가 한국에서 온 여행기자들을 반겨 주었다. 반죽을 층층이 쌓아 굽는 플리(fli)는 일종의 페이스트리로, 요거트나 크림을 곁들여 먹는 코소보 전통 음식이다. 어스름해지는 마당에선 팔순 노모가 허리를 굽혔다 폈다 반복하며 화덕에 플리를 굽고 있었다. 어린 시절 외갓집에 갔을 때 외할머니와 이모가 부엌에서 따뜻한 음식을 만들던 모습이 떠오르는 장면이었다.

"오늘은 추수감사절에 먹는 음식을 준비했어요. 서빙은 남자의 몫이죠." 손님이 가부좌를 틀고 앉는 것이 불편하지는 않은지 살피며 주메르 할아버지가 손님 대접을 시작했다. 둥근 좌식 식탁 위에 플리와 옥수수 가루로 만든 빵 포가체(pogace), 치즈, 요거트 등이 착착 놓였다. 코소보 와인과 맥주도. 식사가 시작되자 전통 의상을 입은 남성 세 명이 악기를 연주하며 노래를 불렀다. 분위기가 무르익자 주메르 할아버지는 음악에 맞춰 덩실덩실 춤을 췄다. 박수와 건배 소리가 교차하는 밤, 연주는 멈출 줄을 몰랐다. 자정이 다 돼서야 쿨라를 나서는데, 문간까지 배웅을 나온 주메르 할아버지가 "남은 여정에 행운이 가득하길 빌어요."라고 인사를 건넸다. 악수하며 다시 오라는 말도 덧붙였다. 진심이 한껏 묻어나는 표정에 나도 모르게 "꼭 다시 올게요."라고 말하고 말았다. 아무래도 약속은 지키기 어려울 것 같지만 그날 밤은 지금도 생생하게 기억난다.

포르투갈 가이드북을 쓸 땐 이런 일도 있었다. 취재 여행의 막바지에 '카스텔루 브랑쿠(Castelo Branco)'에 갔다. 카스텔루 브랑쿠가 워낙 한국인들에겐 알려지지 않은 도시라 취재 협조 요청을 했더니, 홍보 담당자 실비아가 고건축을 전공한 친구 호세까지 동원해 안내에 발 벗고 나섰다. 이유는 두 가지였다. ① 카스텔루 브랑쿠 취재 요청을 한 한국인 여행작가는 내가 처음이었다. ② 실비아는 포르투갈어와 스페인어는 유창하지만 영어를 잘 못했다. 통역과 부연 설명을 해 줄 친구가 필요했던 거다. (그녀는 나를 만나자마자 영어를 잘 못해서 미안하다고 하며 혹시 스페인어를 하는지 물었다. 나는 포르투갈어도 스페인어도 못해서 미안하다며 웃었다.)

그 덕에 카스텔루 브랑쿠의 역사를 알고, 그곳을 지켜 나가는 사람들과 함께 구석구석을 둘러봤다. 도시의 가장 높은 언덕에 오르자, 중세에 성곽도시의 위엄을 뽐내던 성벽 몇 토막이 남아 있었다. 뒤로는 분수가 있는 공원, 키 큰 나무들이 그늘을 내주는 오솔길이 차례로 이어졌다. 그 길은 구시가로 연결됐다. 실비아와 호세는 옛 성곽 원형이 어땠으며, 어떻게 복원할 것인지 상세히 들려주었다. 꽃향기 만발한 오렌지 나무 가로수 길을 지나 '자르딩 두 파수 에피스코팔(Jardim do Paço Episcopal)'도 둘러봤다. 원래 옛 주교의 겨울 별장으로 지어진 곳으로, 아름다운 정원에는 역사가 깃들어 있었다. 예정된 일정은 딱 거기까지였다. 그런데 실비아는 여기까지 왔는데 점심이나 같이하자고 했다. 그것도 근교의 작은 마을, 마르팅 브랑쿠(Martim Branco)에 가서 먹자고 했다. 물론 이 말은 호세가 통역했다. 호세도 그곳의 시스투 마을을 꼭 보여 주고 싶다며 거들었다. 뜻밖의 초대였다. 아, 이러다 리스본에 못 돌아가면 어쩌지. 잠시 고민했지만 지금이 아니면 언제 가겠나 하는 마음에 못 이기는 척 따라나섰다. 차로 이동하는 사이 포르투갈어로 시스투(Xisto)가 우리말로는 편암이란 걸 알게 됐다. 편암은 조암 광물이 수직 방향으로 재배열된 변성암의 일종으로 잘

쪼개진다. 포르투갈 중부에선 편암이 흔해, 수 세기 전부터 편암으로 농가를 지어 왔단다.

자동차로 얼마쯤 달렸을까. 어느새 졸졸 개울물 소리가 귓가를 간질였다. 올리브 나무 사이를 지나자 독특한 돌집들이 옹기종기 모여 있는 마을이 모습을 드러냈다. 그저 바라만 봐도 맘이 느슨해지는 목가적인 풍경이었다. 식사 장소는 농가를 레스토랑 겸 숙소로 개조한 '시스투 센티두(Xisto Sentido)'였다. 들어가기도 전에 인상 좋은 아주머니가 앞치마 차림으로 나와 반겼다. 뭘 좋아할지 몰라 이것저것 다 준비했다며 웃는 모습이 푸근했다. 내겐 느닷없는 초대였지만 실비아에겐 계획적인 초대였던 것이다.

은퇴 후 시스투 센티두를 운영한다는 부부는 귀한 손님 대하듯 음식을 내왔다. 패브릭 주머니에 담긴 빵 하며, 푹 익을 때까지 오래 요리한 양고기 찜 하며 하나같이 손이 많이 가는 가정식 요리였다. 아저씨는 맛있는 음식이 있는 곳에 맛있는 와인이 빠질 수 없다며 와인을 고르러 갔다. 한쪽 벽면에 꾸민 바에서 꺼내 온 와인 이름은 '테라스 드 시스투(Teras de Xisto)'였다. 포르투갈에서 와인을 가장 많이 생산하는 알렌테주(Alentejo) 지방에서도 편암이 많은 토양에서 자란 포도로 만든 와인이라고 했다. 와인은 감미로웠고, 양고기찜은 갈비찜과 맛이 비슷해 정겨웠다. 잔을 비울수록 식탁에 둘러앉은 이들의 웃음소리도 한 옥타브 높아졌다. 웃으며 와인을 함께 나눠 마시는 그 시간이 좋았다. 술이란 누구와 어디서 마시느냐에 따라 그 맛이 증폭되는 것 아니던가. 와인 잔을 비우고 달콤한 디저트에 에스프레소를 마실 때까지 아주 오래오래 점심을 먹었다.

시스투 센티두를 나서는데, 마음이 온기로 가득 채워진 느낌이었다. 좋아서 미소를 감추지 못하는 내게 실비아와 호세가 약속이라도 한 듯 물었다. 점심도 먹었으니 다 같이 카스텔루 브랑쿠의 현대미술관 전시 오픈에 가면 어떻겠냐고. 끝나고 저녁까지 먹고 가도 좋다는 태세였다. 예약해 둔 리스본의 숙소나 한국으로 돌아갈 비행기 티켓만 아니었다면 전시회에 갔을지도 모르겠다. 그러다 한국행 비행기를 놓쳤더라면 카스텔루 브랑쿠에 며칠 눌러 앉았을지도 하하. 넉살 좋은 두 친구 덕분에 웃으며 헤어졌다. 양쪽 볼에 쪽쪽 소리를 내는 포르투갈식 빰 인사를 하며.

그 나라를 취재하러 온 여행작가라는 이유로 그토록 따스한 환대를 받다니. 돌이켜 보면 꿈결 같은 시간이었다. 낯선 나라에서 어쩌다 알게 된 현지인에게 식사 초대를 받는 건 아무리 여행을 많이 해도, 일어나기 드문 일이라 더 그렇다. 느닷없는 초대 덕에 코소보가 친근해졌고, 포르투갈이 더 좋아졌다. 무엇보다 내 믿음은 한결 더 단단해졌다. 아무리 낯선 나라도 다 사람 사는 곳이야. 암, 그렇고 말고.

믿을 수 있는 친구, 바칼랴우의 비밀

포르투갈 제2의 도시 포르투(Porto)를 떠나던 날, 하늘은 더없이 푸르렀다. 화창한 날씨에 떠나는 게 아쉬웠지만 다음 목적지, 아베이루(Aveiro)를 떠올리며 마음을 달랬다. 아베이루는 '포르투갈의 베네치아'라 불리는 운하의 도시 아니던가. 얼른 그 운하를 누비고 싶었다. 기대 반, 긴장 반으로 가이드 카롤리나와 인사를 나누고 차에 올랐다. 가이드북 취재를 위해 떠난 여행이었고, 포르투갈 중부 관광청의 도움으로 카롤리나와 함께 아베이루에서 코스타 노바(Costa Nova)를 둘러볼 참이었다.

"일랴브(Íhavo)에 가자고요?" 아베이루에 가기 전 일랴브에 가자는 카롤리나 말에 놀라 되물었다. 처음 듣는 지명이었다. "네! 일랴브 해양 박물관을 꼭 보여 주고 싶어요. 아베이루 가는 길이니까 해양 박물관을 보고 그 근처 바칼랴우(Bacalhau) 전문 식당에서 점심을 먹고 아베이루로 가요. 괜찮죠? 참, 바칼랴우 좋아해요?" 그녀의 '답정너'식 질문에 그저 미소로 답했다.

"바칼랴우를 좋아하냐고요? 좋아하죠. 처음 '바칼랴우 그렐랴두'를 맛보았을 땐, 입안에서 살살 녹는 스테이크 맛에 반했고, '바칼랴우 아 브라스'를 맛보았을 땐 대구로 이런 부드러운 맛을 낸다는 게 놀라웠으며, 숟가락 두 개를 이용해 둥근 모양으로 빚어 튀기는 '파스텔 드 바칼랴우'를 따끈하게 먹을 때면 어묵을 튀겨 먹는 듯한 기쁨을 느낀걸요. 그렇지만 포르투갈에는 문어, 정어리, 갑오징어, 새우 등 싱싱한 해산물이 많잖아요. 이제 바칼랴우는 그만 먹어도 될 것 같아요."라는 말이 턱 밑까지 차올랐지만 하지 못했다. 카롤리나는 이미 일랴브 해양 박물관에 대한 설명에 열을 올리고 있었기에. 숨 안 쉬고 말하기 대회에 나가면 금메달을 딸 만큼 말이 빨랐다.

바칼랴우는 우리말로 염장 대구다. 북대서양에서 잡은 대구에 소금을 잔뜩 뿌려 꾸덕꾸덕하게 말린 후 물이나 우유에 불려 조리한다. 감자와 함께 요리한 '바칼랴우 콘 나타', 짭짭한 대구 살에 보드라운 달걀과 감자, 양파를 버무린 '바칼랴우 아 브라스' 등 조리법이 365가지가 넘는다. 한마디로 바칼랴우는 포르투갈의 소울푸드다. 얼마나 좋아하는지 바칼랴우를 '믿을 수 있는 친구(Fiel Amigo)'라고 부르기까지 한다. 그런데 말이다. 한국에도 간고등어나 보리굴비가 있지만 믿을 수 있는 친구라고 부르지는 않지 않나. 대구가 포르투갈 바다에서 잡히는 생선도 아닌데 어떻게 떼려야 뗄 수 없는 국민 친구가 되었을까? 나는 바칼랴우 맛에 반하지는 못했지만, 왜 포르투갈 사람들이 바칼랴우를 '믿을 수 있는 친구'라고 부르는지 궁금했다. 그래서 일랴브에 순순히 따라갔다.

일랴브 해양 박물관에 도착하자 직원 한 명이 안내를 자처하고 나섰다. 박물관 설립 이래 한국인 관람객은 내가 처음이라며. 그녀를 따라간 첫 전시실 한가운데는 15세기 말 어부들이 노르웨이 앞바다까지 타고 나간 원양어선 모형이 놓여 있었다.

"어부들은 한 번 나가면 최소 6개월 이상 매일 새벽 4시에 일어나 5시간씩 '도리(dóri)'라는 1인용 보트를 타고 낚싯줄로 대구를 낚았어요. 상상해 봐요. 레이더도 스마트폰도 없던 시절, 도리가 모선과 멀어지면 망망대해에 홀로 남겨질 수도 있는 위험천만한 일이었죠. 그렇게 잡은 대구는 부패하지 않도록 소금에 절여 배의 맨 아래 칸에 차곡차곡 쌓았어요. 그 일을 맡은 장인은 6개월 동안 사명감을 갖고 오직 염장에만 매진했답니다. 어부들의 노력으로 바칼라우가 포르투갈 사람들의 식탁 위에 오를 수 있었지요."

전시실이 왜 이렇게 어두침침하냐고 묻자, 칠흑처럼 어두운 새벽 바다에서 일하던 어부들을 기억하기 위해서라는 답이 돌아왔다. 순간, 가슴 한구석이 먹먹해졌다. 어둑한 박물관에서 이른 새벽 묵묵히 노를 저어 바다로 나아가는 15세기의 어부를 만나기라도 한 것마냥. 얼굴도 모르는 어부 모습을 상상하다가 문득, '삶이 있는 한 희망은 있다'라는 키케로의 말이 떠올라 눈가가 뜨거워졌다. 아, 이러다 울겠는데. 생각이 끝나기 무섭게 눈물이 뚝 떨어졌다. (나는 에세이를 읽다가도 잘 우는 편이다.) 박물관 설립 이후 첫 한국인 관람객을 맞아 기뻐했던 직원분이 당황하며 내게 말했다. "Don't cry, girl."

함께 간 가이드 카롤리나는 그런 내 모습을 보며 뿌듯해했고, 나는 "포르투갈 사람들이 왜 바칼랴우를 '믿을 수 있는 친구'라고 부르는지 이해가 된다."고 했다. 그리곤 정해진 식순에 따라 바칼랴우 전문점에 자리를 잡았다. 바칼랴우잡이 어부 출신 주인장은 바칼랴우 크로켓, 볼 구이, 내장과 콩 볶음 요리 등을 차례로 내왔다. 해양박물관의 여운이 남아 식탁 위에 오른 바칼랴우를 감사한 마음으로 먹었다. 입맛을 돋워 줄 화이트 와인과 함께. 와인을 국처럼 마시며 하나하나 찬찬히 맛보는데 주위의 시선이 느껴졌다. 지켜보던 앞 테이블의 한 아저씨가 잔을 들며 나를 향해 엄지를 척 들어 올렸다. 먼 나라에서 온 이방인이 대구 살과 내장에 콩을 넣어 볶은 요리를 맛있게 먹고 있는 모습이 좋아 보인 모양이었다.

잠시 후 시키지도 않은 와인 한 주전자가 더 나왔다. 카롤리나가 주인장에게 영문을 물으니 옆 테이블에서 내게 보내는 선물이라고 했다. 바칼랴우로 통했달까. 푸근한 시골 인심이랄까. 어쨌든 낮술을 더 할 명문이 생겨 기분이 좋아진 나는 옆 테이블의 아저씨를 향해 잔을 들었다. 속으로는 믿을 수 있는 친구, 바칼랴우를 위하여! 라는 건배사를 외쳤다. 문득, 남은 여행 동안 5년 치 바칼랴우를 몰아서 먹게 된다고 해도 마다하지 않을 용기가 솟았다.

일주일 후면 네 번째 포르투갈 여행을 떠난다. 강가에 앉아 바칼랴우 그렐랴두를 먹을까, 바칼랴우 아 브라스를 먹을까. 벌써부터 믿을 수 있는 친구를 만날 생각에 설렌다. 이번에도 감사한 마음으로 먹어야지. 일랴브의 추억을 떠올리며.

남편 밥은 어떻게 하고 다녀요?

"남편은 어떻게 하고 다녀요?"

거의 매달 해외 출장을 다닐 때 자주 듣던 말이다. 결혼 후 시모의 밥 타령을 자주 들어서 그런지, 자꾸 그 물음에 '밥'이라는 단어가 생략된 것처럼 들렸다. 그때 누군가 "남편 밥은 어떻게 하고 다녀요?"라고 물었더라면, "남편도 손이 있잖아요. 배달 앱도 있고요."라고 대답했을지도 모른다. 아니면 "남편이 저보다 요리를 좋아해요."라고 했으려나. 남편은 어떻게 하고 다니냐는 질문을 들을 때마다 생각이 많아져 대답을 얼버무리곤 했다. "남편은 회사 가죠." "남편도 여느 직장인처럼 회사에서 점심을 먹고 퇴근 후엔 저녁 약속이 있거나 팀원들이랑 한잔하겠죠."라는 말은 못 했다.

"남편이 뭐라고 안 해요?"

이런 말도 자주 들었다. 남편이 뭐라고 한다는 말을 듣길 바라고 묻는 걸까? 출제자의 의도를 파악하기 힘든 질문이었다. 가이드북 취재를 위해 한 달씩 출장을 갈 땐 남편이 휴가를 일주일쯤 내 여행을 함께한 적도 있었다. 하지만 여행매거진 소속 에디터로 가는 출장에 남편을 데리고 가긴 힘들다. 그 경우 팸투어가 대부분이라 4명에서 10명의 소그룹이 정해진 일정에 맞춰 함께 이동해야 하기 때문이다. 참고로 팸(FAM)투어란 영어 'Familiarization tour'의 약자로 주로 관광청이나 항공사에서 미디어를 초대해 최대한 많은 것을 보고 듣고 경험하도록 소위 빡센 스케줄로 진행된다. 출장의 이면이야 알 수 없다고 쳐도, 출장으로 가는 여행이 그저 놀러 가는 것처럼 보여 이런 질문을 하는 걸까? 비슷한 질문을 계속 받다 보니 의심이 들었다. 똑같이 '일'로 여행하고 글을 쓰는 여행작가라도 성별과 결혼 유무에 따라 자주 받는 질문이 다를 거라는 의심.

"이런 질문, 남자 선배한테도 해요? 일로 출장 가는데 아내가 뭐라고 안 하냐고?"

슬로베니아 출장 다녀오는 길, 남편이 뭐라고 안 하냐고 질문한 여행기자에게 되물은 적이 있다. 그는 "남편이 선배를 걱정하지 않냐는 의도였다. 기분이 상했다면 미안하다. 생각해 보니 남자 선배에겐 그런 질문을 안 해 본 것 같다."는 해명과 성찰의 말을 쏟아냈다. 나도 흥분을 가라앉히며 같은 여행 업계의 기자가 이런 질문을 하니 화가 났다며 쏘아붙여 미안하다고 사과했다.

소설가 에쿠니 가오리의 에세이 『당신의 주말은 몇 개입니까』 중 '밥'이라는 꼭지에는 작가와 남편의 이런 대화가 나온다. 한동안 홀로 여행하지 못한 에쿠니 가오리가 여행을 떠나기로 결심하고 그날 밤, 회사에서 돌아온 남편에게 대뜸 말을 꺼낸다.

"나 9월에 여행할 거야."

양복과 넥타이 와이셔츠와 양말을 여기저기 벗어던지던 남편이 옷을 벗다 말고 어안이 벙벙한 표정으로 이렇게 말한다.

"그럼 밥은?"

"밥? 첫마디가 그거야?"

지금 외출을 하는 거라면 몰라도 앞으로 몇 달 후에 여행을 간다는데, 그 말을 듣고 처음 하는 소리가 '어디?'가 아니고, '며칠 동안이나?'도 아니고, '밥은?'이라니.

나는 이 대목에서 에쿠니 가오리와 그녀의 남편의 표정이 상상이 되어 피식 웃고 말았다.

밥. 밥. 밥. 밥은 먹었니? 빵이 밥이니? 남편 밥은 챙겨 줘야지. 내가 결혼하고 시모에게 쭉 들어 온 밥 타령을 소설가는 남편에게 들었구나.

밥은 중요하다. 내가 남편과 자주 나누는 대화는 "밥 먹었어?", "점심 뭐 먹을까?", "저녁 뭐 먹고 싶어?", "주말에 뭐 먹을까?" 등등 주로 주제가 밥이다. 하루 중 퇴근한 남편과 식탁에 마주 앉아 저녁 식사와 반주를 즐기는 시간이 가장 편안하다. 평생 같이 밥을 함께 먹을 사람이 있다는 것은 마음에 온기가 도는 일이다. 밥도 술도 나눠 먹을 때 더 맛있게 느껴지므로. 다만 한솥밥을 먹는 가족이 여행을 떠날 땐 외식을 해도 좋지 않을까. 배달 음식을 시켜도 되고 이참에 요리 실력을 연마하면 더 좋고. 여행을 떠나는 이가 아내이건 남편이건 말이다. 그래도 남편은 어떻게 하냐고 내게 묻는다면, 이렇게 대답하련다.

"여행을 떠나기 전에 청소를 깨끗이 하는 편이에요. 혼자 지낼 남편도 편안하고, 여행에서 돌아와 집이 최고라고 말할 나를 위해. (침구까지 보송보송하게 빨아서 갈아 놓고 갈 때도 있어요.) 청소 담당은 나고 요리 담당은 남편이거든요. 여행을 떠나서는 맛있는 음식을 먹을 때마다 남편을 생각해요. 이대만 족발 남편이 먹었으면 참 좋아했겠네. 다음엔 같이 와서 먹어야지. 아시죠? 여행지에서 맛있는 음식을 먹을 때 떠오르는 얼굴이 사랑하는 사람이라는 거."

영어 잘해야 여행작가 하나요?

"의사면 남친 없겠네요? 바빠서."

"군인이면 여친 없겠네요? 빡세서."

드라마 〈태양의 후예〉의 남녀 주인공이 나눈 대사를 기억하시는지? 그만큼 위트 있는 질문은 아니지만 자주 듣는 말이 있다. "여행작가면 영어 잘하겠네요? 해외 많이 가서." 들을 때 마다 늘 뭐라고 대답할지 망설여지는 질문이다. 영어를 잘한다고 하기엔 발음에서 버터향이 안 나고, 못한다고 하기엔 영어로 대화하는 데 지장이 없으니.

뉴욕 여행 마지막 날을 떠올리면 아무래도 영어를 잘 못한다고 해야 할 것 같다. 뉴욕 공립도서관에 앉아 글을 쓰고 싶다는 로망을 이루고 나오는 길, 기분이 좋아서 콧노래가 났다. 그저 일기를 썼을 뿐이지만, 아름다운 열람실에서 글쓰기는 꼭 해 보고 싶었던 일이었다. 가방 검사대(누구나 가방 검사를 해야 빠져나올 수 있다)를 통과하려는 찰나, 동시에 뉴욕 공립도서관을 나서던 한 남자가 "After you."라며 순서를 양보했다. 나는 "Thank you."라는 짧고 굵은 말로 고마움을 표시했다. 그러자 그가 씩 웃더니 "Are you Korean?" 하며 물었다. 오랜 세월 세계 각국에서 중국인으로 오인받아 온 나는 "How do you know?"라며 반색했고, 그는 한 단어로 대답했다. "발음!"

응? 발음? 영어로 발음을 뜻하는 'Pronunciation'도 아니고 한국어로 발음이라니. 저 외국인, 뭐 하는 사람인가 어안이 벙벙해하는 내게 그가 말했다. "한국에 3년 살았어요." 결국 대화는 한국어로 이어져 "어머, 어디 살았어요?" "아현동." "아, 아현동." "어디 살아요?" "금호동." "아이 돈 노 금호동." "아, 유 돈 노? 금호동 이즈 나이스." 이런 식으로 전개됐다. 그의 이름은 브레드였다. 한국인 친구들은 빵이라고 불렀다고. 아현동 출신 빵남과 금호동 주민 발음녀는 뉴욕 공립도서관 앞에 서서 이런저런 이야기를 나눈 후 각자 가던 길을 갔다. 나는 햇살 좋은 브라이언트 파크 벤치에 앉아 몇 번이나 속으로 땡큐를 되뇌며 생각했다. 내 th 발음이 그렇게 이상한가?

뉴욕에서 칸쿤으로 가는 길엔 이런 일도 있었다. 이른 새벽 공항 항공사 카운터에 줄을 서 있는데, 앞에 서 있던 사람이 화장실에 다녀올 동안 가방을 봐 달라고 했다. 나는 기꺼이 오케이를 외쳤고, 화장실에 다녀온 그는 한결 편안해진 표정으로 내가 어디서 왔으며, 어디로 가는지 물었다. 스몰토크의 시작이었다. 나는 한국에서 와 뉴욕을 여행한 후 칸쿤에 간다고 했고, 그는 뉴욕에 살며 콜롬비아에 가는 길이라고 했다. 대화는 자연스럽게 비행이 몇 시간 걸리는지로 이어졌다. 칸쿤까지 4시간이라고 하자 그가 화들짝 놀랐다. 거기를 어떻게 그렇게 빨리 가냐고 몇 번이나 되묻는 게 이상해서 최대한 또박또박 말했다. "Cancun is close." 그러자 그가 "Oh! Cancun? I thought you are going to Hongkong!"이라는 게 아닌가. 고요한 새벽의 공항에서 줄을 서 있던 사람들은 우리의 대화를 듣고 키득키득 웃었다. 줄 서느라 피곤한 여행자들에게 웃음을 선사한 건 기뻤지만 대체 나의 칸쿤 발음이 어떻길래 홍콩이라고 들었을까? 칸쿤, 홍콩, 칸쿤, 홍콩, 두 글자라는 것 말고는 전혀 비슷하지 않은 것 같은데.

이토록 내 영어 발음에선 구수한 누룽지 향이 나지만, 여행지에서 외국인들과 유쾌한 대화를 자주 나누는 편이다. 아마도 내가 먼저 웃으며 인사를 건네는 일이 많아서인 것 같다. 호텔이나 레스토랑에 도착하면 먼저 "Hello, How are you?"라고 묻고 답을 들은 후, "I have a reservation under Jikyung Woo."라고 예약을 확인한다. (먼저 물으면 How are you에 Fine, thank you라고 말할 필요가 없어서 좋다.) 레스토랑이나 공원 등에서 옆자리에 앉은 사람과 눈이 마주치면 일단 웃으며 "Hi!"라고 인사를 건넨다. 통성명을 하지 않은 채 이런저런 이야기를 나누다 슬슬 마무리해야지 싶을 땐 "By the way I'm Jikyung. And you?"라고 내 이름을 말하고 상대의 이름을 묻기도 한다. John이라면 "John, it was pleasure talking to you." 정도로 마무리한다.

처음부터 먼저 말 거는 게 편했던 건 아니었다. 여행지에서 가벼운 대화는 나누고 싶은데, 말을 걸어 주지 않으니 먼저 말을 걸게 됐다. 말을 건네다 보니 여행지에서 외국인과 영어로 이야기할 기회가 늘었고, 점점 기회가 늘수록 대화하는 재미를 느끼게 되었다. 영어를 쓰면 일단 톤이 달라진다. 한국어로 말할 때 내 목소리는 저음인데 영어를 쓰면 톤이 약간 높아진다. "Perfect!"나 "Lovely!" 등 한국어로는 오글거리는 표현도 말하게 된다. 언어가 바뀌었을 뿐인데 영어를 쓰는 사람들의 대화 방식으로 묻고 답하는 재미를 맛볼 수 있다.

스위스로 글로벌 팸투어를 갔을 때다. 해외 각국(브라질, 영국, 호주, 폴란드, 체코, 중국 등)의 기자가 취리히에 모여 일정을 시작하다 보니 혼자 호텔 체크인 후 일행을 만나야 했다. 공항에서 호텔까지 트램을 타고 이동했는데, 구글맵의 주소를 제대로 확인하지 않은 탓에 다른 지점에 도착해 버렸다. 내가 묵을 호텔에 도착했을 땐 다시 무거운 여행가방을 이끌고 이동하느라 조금 지쳐 있었지만, 습관처럼 호텔리어에게 웃으며 먼저 인사를 건넸다. "Hello, How are you?" 호텔리어도 활짝 웃으며 "Did you bring sunshine?"이라며 반겼다. 햇살을 가져온 날씨요정이냐는 말 한마디에 기분이 좋아진 나는 "Really? I thought you prepared sunshine for me."라고 응수했다. 오래도록 기억에 남는 기분 좋은 체크인이었다.

벨기에 브뤼헤를 처음 여행할 때 정원이 있는 보틀숍에서 혼자 에일 맥주를 마시다가 옆 테이블에 앉은 아저씨와 눈이 마주친 적이 있다. 그저 웃으며 "Hi."라는 인사를 건넸는데, 아저씨가 영국식 억양으로 "Isn't it lovely weather?"라며 말을 걸어왔다. 아내와 함께 건지 아일랜드에서 왔다는 그는 난생처음 한국인을 만났다며 반가워했다. 건지 아일랜드라는 지명을 『건지 아일랜드 감자껍질파이 클럽』을 읽고 알게 되었는데, 그곳에 사는 사람을 실제로 만나니 신기했다. 아저씨는 소설에서 튀어나온 사람처럼 건지 아일랜드가 프랑스령에서 영국령이 된 이야기를 들려주었다. 건지 아일랜드에서 벨기에로 오려면 런던을 거쳐 와야 하지만 그 덕에 아름다운 날씨에 성당 지붕이 보이는 보틀숍 정원에 앉아 맥주를 마신다며 행복해했다. 혼자 묵언 수행을 하며 맥주를 마셔도 편안했겠지만, 아저씨와 두런두런 서로의 세상에 대해 이야기하며 맥주를 마시니 더욱 맛있게 느껴졌다.

아저씨가 아주 조심스럽게 질문 하나만 해도 되냐고 물었다. 북한과 남한의 전쟁이 일어날지에 관한 질문이 아니길 바라며 그러라고 했더니 그가 떨리는 목소리로 물었다. "Are you… Are you a buddhist?" 내가 아니라고 하자 실망하는 표정을 짓는 아저씨에게 친구가 불교 신자인데, 불교 신자는 매주 교회에 가듯 절에 가진 않지만 주기적으로 절에 가서 절을 한다는 이야기를 들려주었다. 스님은 채식을 하며 절밥이 맛있다는 것도. 대화를 나누다 보니 나도 아저씨에게 궁금한 게 생겨 물었다.

"Do you, do you drink lager?"

아저씨는 1초의 망설임도 없이 대답했다.

"Oh! no, lager makes me sick!"

양손으로 독이 든 맥주를 마신 사람처럼 목을 조르며 말하는 모습이 재미있어서 웃었다. 우리는 그렇게 한참을 웃고 대화하며 햇살 좋은 보틀숍 정원 앉아 오후를 보냈다.

어쩌면 여행이란 지구 반대편의 사람들을 우연히 만나 이야기를 나누기 위해 떠나는 게 아닐까. 낯선 사람들이 서로의 이야기에 귀 기울이는 시간이 좋아서 나는 틈틈이 영어 공부를 하고, 부지런히 떠난다. 젓가락질 잘해야 밥을 잘 먹는 게 아니듯(고백건대 나는 젓가락질을 잘 못한다.) 영어 좀 못하면 어떠하리. 타인에 대한 관심과 말을 걸 용기만 있다면 누구와도 친구가 될 수 있는데.

그나저나, 다음 여행에선 누구를 만나 어떤 대화를 나누게 될까?

프리랜서의 기쁨

여행작가라서 유연하게 살아요

루틴이 있는 일상을 좋아한다. 요즘 첫 모닝 루틴은 새벽 6시 반 전에 일어나 수영장에 씻으러 가기다. 집에도 뜨거운 물이 콸콸 나오는 샤워기가 있지만 굳이 수영장까지 가서 씻는다. 집에서 일하는 프리랜서에게 '샤워'는 하루 일과 중 빼먹기 가장 쉬운 행동인데다, 마감 기간에 집에서 일하다 보면 저녁이 되어도 꾀죄죄한 몰골로 책상 앞에 앉아 있기 십상이므로. 그런 내 모습을 보면 이러려고 프리랜서가 되었나 자괴감이 들기에 일단 씻고 보자는 마음으로 아침마다 수영장까지 걸어간다.

집에서 수영장까지 도보로 10분. 어차피 걸어야 하는 길, 산책이라 생각하고 걷는다. 10분 새벽 산책은 생각보다 즐겁다. 맑은 날엔 맑아서 좋고, 비 오는 날엔 축축하긴 해도 덥지 않아 좋고, 눈 내린 날엔 아무도 밟지 않은 눈을 밟을 수 있어 좋다. 폭우가 내리는 날엔? 이 비를 뚫고 수영장에 가는 내가 대견해서 웃음이 난다. 강습 시간은 7시, 수영장에 도착하는 시간은 6시 50분에서 7시 10분 사이다. (지각하는 게 안 가는 것보다 낫다는 마음으로 가다 보니 그렇다.) 샤워를 하고 수영복을 입을 때쯤 몸과 머리가 깨어나는 걸 느끼며 약 29.2도(여름 기준, 겨울에는 29.6도로 올라간다)의 수영장 물로 풍덩 뛰어든다. 이왕 온 김에 수영하다 보면 열심히 하게 된다. 8시 반쯤엔 상쾌한 기분으로 수영장을 나선다.

활기차게 하루를 시작한 나를 위한 보상으로 맛있는 모닝커피를 마신다. 수친(수영 친구)들과 아침 일찍 문을 여는 카페에 갈 때도 있고, 집에 돌아와 가벼운 아침 식사와 함께 핸드 드립으로 내려 마시기도 한다. 커피를 마신 후엔 주방을 정리하거나 식물에 물을 주거나 청소기를 돌리거나 가벼운 집안일을 한다.

오전 10시 즈음 마침내 서재로 출근한다. 점심 전까지는 주로 그때그때 써야 할 원고를 쓴다. 잡지나 사보에 기고할 글이든 책에 쓸 글이든 오전에 글을 시작해 놓으면 오후에 이어 쓰기 수월하다. 어제 쓴 초고를 집중해서 퇴고하기에도 오전이 좋다. 아무래도 점심을 먹고 나면 나른해지기 쉬우므로 노트북을 챙겨 카페로 나가기도 하지만 내 책상과 듀얼 모니터가 있는 서재에서 주로 일하는 편이다.

점심 식사 후엔 식기를 정리하고 소화시킬 겸 청소기를 돌리기도 하고, 보고 싶은 영상 하나를 골라 실내 자전거를 타기도 한다. 소파에 누워 영상을 보면 시간 가는 줄도 모르고 유튜브만 보는데, 실내 자전거를 타면 그만 타고 싶은 마음에 영상도 적당히 보게 된다. (그래서 실내 자전거는 오래 타야 20분이다.) 커피 한 잔을 더 내려 책상으로 가기 전엔 주로 빨래를 한다. 오전에 일에 집중했다면 오후에는 '집안일'과 '글쓰기'를 병행하는 게 나의 시간 관리 전략이다. 수건을 모아 세탁기를 돌리고, 이 빨래가 끝날 때까지 퇴고를 끝내려고 노력한다. 빨래가 끝나면 건조기를 돌리는데, 이때는 사진 셀렉 모드에 돌입하는 식이다. 세탁기와 건조기가 '타이머'이자 '페이스 메이커'라고나 할까. 물론 딴짓도 한다. 양치하려고 화장실에 갔다가 화장실 청소를 하고, 냉장고에 뭐 먹을 게 없나 뒤적거리다가 주방 청소도 한다. 딴짓도 청소로 하면 글을 몇 줄 못 쓰더라도 집은 깨끗해진다.

이렇게 일과 집안일을 병행하면 글 쓰느라 빨래가 밀리거나 집이 너저분해지는 걸 예방할 수 있다. 누구에게나 집은 휴식 같은 공간이어야겠지만, 나처럼 집이 일터이자 쉼터인 프리랜서에게는 집을 아늑하게 유지하는 게 특히 중요하므로. 이렇게 루틴을 지키며 일하다 보면 정해진 분량의 일을 어떻게든 끝내고 저녁 식사 전에 퇴근하는 날이 많아진다. (책상에서 식탁으로 퇴근한다고 해도 퇴근은 퇴근이다.) 이럴 땐 남편과 데이트할 수도 있고, 친구와 한잔할 수도 있고, 요가원에서 요가하며 긴장했던 몸과 마음을 이완시킬 수도 있다.

여기까지 읽으면 '놀고 싶을 때 놀고 일하고 싶을 때 일하려고 프리랜서 하는 거 아니야?'라고 갸우뚱거리는 사람도 있을 것이다. '세상 프리한 프리랜서'란 누가 만들었는지 알 수 없는 허황한 이미지일 뿐이다. 일이 있다가도 없고, 없다가도 몰리는 프리랜서 특성상 오히려 연휴에 일하고, 평일에 일이 왜 없을까 걱정하며 쉬게 되는 경우가 많다. 일이 없을 때를 대비해서도 루틴은 필요하다. 내 경우 일이 없어 한가할 때는 수영장과 요가원 가는 횟수를 늘린다. (요가를 아침저녁으로 1일 2회 하거나, 오전에 수영을 매일 다니면서 일주일에 이틀은 저녁 수영 강습을 받은 적도 있다.) 이럴 때 몸과 마음을 단련해 두면 다시 일을 시작하거나, 급한 일을 의뢰받았을 때 기꺼이 달려들 수 있는 상태가 되기에.

프리랜서로 일하며 느낀 가장 큰 즐거움은 '유연성'이다. 출근하지 않아도 되니 어디서든 일할 수 있다. 지금 이 글은 전라북도 전주의 서학예술인 마을 도서관 창가에 앉아 쓰고 있다. 집에서 써도 되지만 새로운 환경에서 쓰고 싶어 굳이 전주까지 왔다. 도서관에 오기 전엔 완산수영장에 가서 자유 수영도 했다. 여행지에서도 일상의 루틴은 유지하고 싶은 마음에 수영을 하고, 아침을 챙겨 먹고 아이스 아메리카노를 테이크아웃해 이 자리에 앉았다. 물론 이게 다 오래전부터 계획한 일정은 아니다. 즉흥적으로 내린 결정이었다.

올해 초 전주를 여행할 때 연화정도서관, 다가여행자도서관, 동문헌책도서관을 둘러본 후 다시 오면 도서관에서 글을 써야겠다고 마음을 먹긴 했다. (도서관을 좋아해 여행지에서 도서관에 가는 게 취미이다.) 택시 기사님에게 완산수영장이 좋다는 말도 들었다. 하지만 이내 잊고 지냈다. 지난 토요일 오후 소파에 벌렁 누워 '아, 라디오 대본 써야 하는데' 생각만 하며 대본은 쓰지 않고 인스타그램만 보다가 전주도서관에서 주최하는 '전주 워케이션' 광고를 발견하기 전까지. 워케이션은 일(Work)과 휴가(Vacation)의 합성어로, 한국인이 사랑하는 짬짜면처럼 업무 반 휴가 반 즐기는 근무 형태를 말한다. 전주 워케이션은 10만 원만 내면 호텔 2박과 조식, 도서관 투어, 특강에다 카페와 독립 서점에서 이용할 수 있는 쿠폰을 제공하며 전주 도서관 어디서든 일할 수 있는 프로그램이다. '도서관에서 일하는 워케이션은 못 참지!' 하는 마음에 벌떡 일어나 홈페이지를 확인하니 딱 한 자리가 남아 있었다. 손가락 달리기 전력 질주하는 기분으로 신청 후, 월요일에 확정 연락을 받고 수요일에 전주로 왔다. 여행작가로 살기에 가능했다. 노트북과 와이파이만 있으면 어디서든 글은 쓸 수 있으므로.

아는 사람은 알겠지만, 전주는 도서관의 도시다. 인구가 62만인데, 도서관이 150개쯤 된다. 시립 도서관은 12개, 작은 도서관은 140여 개다. 특화 도서관이 많아 도서관 여행이란 프로그램도 있다. 2024년 6월부터는 전주 워케이션을 선보였다. 때마침 잡지나 사보 마감이 없어 에세이 쓰기에 집중하기로 마음먹은 프리랜서 우 모 씨가 우연히 7월 전주 워케이션 광고를 보고 잽싸게 신청한 결과 지금 이 자리에 앉아 이 글을 쓰고 있는 것이다. (「코소보도 다 사람 사는 곳이야」도 전주에서 초고를 썼다.)

지난해엔 여름의 숨결이 가득한 발리로 워케이션을 다녀왔다. 말이 좋아 워케이션이지, 어차피 일할 거라면 발리에서 일해 보자는 마음으로 일거리를 왕창 싸 들고 떠난 도피였다. 그래도 일터를 도시에서 바다가 일렁이는 섬으로 바꾸었을 뿐인데 에너지가 차올랐다. 고요한 숲속에서 요가하고, 파도가 부서지는 해변에서 서핑에 도전하다 보니 매 순간이 특별하게 느껴졌다. 요가의 성지, 중부 내륙 우붓에도 며칠 머물렀다. 찰랑이는 바다 대신 울울창창한 밀림과 야자수 나무 사이 계단식 논밭이 펼쳐졌다. 어디 그뿐인가. 녹음 가운데서 요가 수련을 할 수도 있고, 계단식 논 위로 신나게 그네를 탈 수도 있으며 신비로운 힌두교 사원을 거닐다 사원 옆 카페에서 노트북을 펼칠 수 있었다. 발리는 인도네시아에서 유일하게 힌두교를 믿는 섬이다.

우붓에선 중심가 풀빌라에 묵으며 요가와 휴식을 동시에 즐기기로 했다. 요가로 하루를 시작하며 몸에 쌓인 긴장을 풀고 싶어 스마트폰 알람을 켜켜이 맞추고 잠들었는데, 알람이 울리기도 전 닭 우는 소리에 잠이 깼다. 그 덕에 느긋한 아침 산책을 즐기며 요가 반(The Yoga Barn)을 찾았다. 2007년에 문을 연 요가 반은 요가 스튜디오, 비건 카페, 스파, 숙소까지 갖춘 복합 요가 공간이다. 세계 각국에서 온 요기니(Yogini, 여자 요가 수

련자), 요기(Yogi, 남자 요가 수련자) 들은 늘쩡늘쩡 '요가 마을' 같은 요가 반에 머물며 하루에도 요가 수련을 몇 번씩 하는 분위기였다. 나도 그들 사이에 요가 매트를 깔고 요가 수련을 했다. 한국에서 뻐뻐했던 몸이 갑자기 유연해지진 않았지만, 요가 동작을 하는 내내 유리창 너머로 녹음이 우거진 숲이 아른거렸고 창문 너머로 살랑살랑 바람이 불어왔다. 수업의 끝 무렵 요가 강사님은 '샨티 샨티'라는 말로 인사를 대신했다. 샨티샨티는 마음의 평화라는 뜻. 정말이지 자연 속 평화로운 요가였다. 그 경험 덕에 한국에 돌아와 집 근처 요가원에서 요가를 시작한 지 1년이 넘었다. 요가를 잘하냐고 묻는다면 대답은 '아니요'지만 요가 매트 한 장만 있으면 요가를 세계 어디서든 즐길 몸과 마음의 준비는 되어 있다.

여행작가라는 프리랜서로 사는 동안 여행에서의 경험을 일상의 루틴에 더하고, 일상의 루틴을 여행에서도 시도하며 하루하루 즐겁게 살고 싶다. 그 덕에 지금은 매일 수영하고 글 쓰고 자주 요가하는 여행작가로 살고 있다. 전주 워케이션을 마치고 서울에 돌아가서도 도서관에 앉아 책 읽고 글을 쓰는 루틴을 만들어 볼 생각이다. 낯선 여행지라고 생각하면 서울에서도 도서관 여행을 할 수 있을지 모른다. 그러다 훌쩍 떠나고 싶을 땐 노트북 들고 어디로든 워케이션을 떠나 글을 써야지.

프리랜서의 슬픔

불안해도 배부른 소리는 하며 살래요

"언젠가 내가 안 쓰일 걸 알거든. 그래서 쓰일 수 있을 때 열심히 하자는 주의인 거지."

어느 금요일 밤 나 홀로 서재 한구석 고장 난 안마의자(나는 '몸 친구'라고 부른다)에 앉아 MBC 예능 〈나 혼자 산다〉를 보다가 아나운서 전현무의 말을 듣고 울컥했다. 체력이 좋다고 해도 왜 그리 일을 많이 하냐는 개그맨 박나래의 질문에 지금이 아니면 안 불릴 걸 알기에 그런다고 했다. 아나운서 분야에서 독보적인 그도 나처럼 프리랜서의 불안을 느낀다니. 프로그램의 섭외를 받아야 일을 하는 아나운서도, 원고 청탁 혹은 출간 제안을 받아야 일을 하는 여행작가도 불안을 안고 사는 건 선택을 받아 일하는 프리랜서의 숙명이구나 싶었다. (불안의 무게를 저울로 잴 수 있다면, 여행작가 분야에서 독보적이지 않은 내 불안의 무게가 더 무거울 것 같긴 하다.)

돌아보면 직장인 시절에도 자주 불안했다. 네이미스트(브랜드 네이밍 전문가)로 일할 땐 이 이름이 상표 등록이 안 되면 어쩌나 걱정했고, 홍보 대행사에서 일할 땐 보도자료가 기사화 안 되면 어쩌나 염려했다. 불안의 극치에 시달렸던 건 마지막 회사에서 위기관리를 전담할 때다. 매일 롤러코스터 꼭대기에 앉아 있는 기분이었다. 내일은 또 무슨 일이 터져서 아래로 곤두박질칠지 불안했다. 하루하루 무탈하길 바라며 버텼다.

그때의 불안과 지금의 불안은 유형이 다르다. 회사 다닐 땐 업무를 어떻게 하면 더 잘할까 고민했다면, 프리랜서가 되고 난 후엔 문득문득 어떻게 해야 이 일을 계속할 수 있을까 생각한다. 한 달에 두세 개 매체에 기고를 하더라도 언제까지 할 수 있을지 모르기에. 아무리 맡은 일을 잘한다고 해도 늘 변수가 있다. 이를테면 개편으로 내가 쓰던 코너가 없어진다거나, 일 년간 고정으로 내게 원고 청탁을 하던 기획사가 업체 선정에서 떨어져 더 이상 사보를 만들 수 없게 되는 경우라거나. 그러다 보니 새로운 일이 들어오면 일단 예스부터 외치게 되었다. 전현무 아나운서의 말처럼 지금 거절하면 다시는 연락을 못 받을 수도 있다는 불안에서 비롯된 예스였다.

예스를 남발한 결과, 어떤 주엔 일간지, 월간지 마감이 서너 개씩 몰려 청소기 한 번 돌릴 마음의 여유 없이 먼지가 굴러다니는 집에서 배달 음식으로 연명하며 원고를 쓰곤 했다. 출근하지 않는 삶을 꿈꾸었는데 퇴근이 없는 삶을 살게 된 것 같은 기분에 울적했다. 프리랜서 초기를 생각하면 밤을 꼬박 새워 담당 기자가 출근하기 전에 메일로 원고를 보내고 침대로 기어가던 날들이 떠오른다. 마침내 원고를 넘긴 내 마음은 오리털처럼 가벼웠지만 몸은 젖은 솜이불처럼 무거웠다. 그렇게 일을 해서 두둑하게 채워지는 건 지갑이 아니라 뱃살이었다. 일간지, 월간지 마감이 몰린 주에는 책상 앞에 앉아 당이 떨어진다는 핑계로 온갖 과자와 빵을 먹으며 일한 자의 업보였다. 그런데 왜 지갑은 두둑해지지 않느냐고? 2박 3일 동안 A4용지로 10장을 빽빽하게 채워 쓴 여행 잡지 원고료가 평균 30만 원, 1박 2일간 일간지 전면 기사 원고료도 30만 원이었으니. 한 달에 세후 300만 원을 벌려면 30만 원짜리 원고를 11개는 써야 한다는 얘기인데 챗GPT가 아닌 이상 영혼을 갈아 넣어야 가능한 일이다. 그보다 한 달에 10건 이상 원고 청탁을 받는 게 더 어려운 현실을 생각하면….

게다가 원고료가 제때 지급되지 않는 경우도 있었다. 대개 고료나 강의료는 익월 말일 이전에 지급되는데, 갑(또는 을)의 사정으로 을(병)인 내 계좌에 원고료가 제때 들어오지 않기도 했다. 그럴 때마다 확인 메일을 쓰고 문자나 카톡을 보내 언제 원고료가 지급되는지 묻는 게 참 껄끄러운 일이었다. 지금까지 프리랜서로 일하며 먼저 원고료가 지급되었으니 확인해 보라고 문자를 남긴 사람은 단 한 명뿐이었다. 회사원 시절 매달 월급이 안 들어올까 걱정한 적은 없었는데, 프리랜서가 되고 난 후엔 매달 일한 만큼 돈이 들어왔는지 확인하느라 분주했다. 지금까지 일하며 못 받은 원고료는 200만 원이 넘는다. 이 말을 글로 쓰고 나니, 휴화산처럼 잠잠했던 억울한 마음이 활화산처럼 부글부글 끓어오르는 것 같다. 이렇듯 좋아서 하는 일에도 이면은 존재한다.

그럼에도 불구하고 원고 청탁이나 강의 제안을 받으면 기분이 좋다. 내가 쓴 기사나 책을 읽고 원고를 써 달라고 하거나, 강의를 해 달라고 하면 인정받는 기분이 든다. 처음으로 중앙일보 위크앤드에 이름을 건 칼럼 연재를 제안받았을 때 얼마나 기뻤는지! 주제를 잡고 목차를 뽑고 샘플 원고 쓰는 데 열과 성을 쏟았다. 내가 정한 주제는 '마시러 떠나는 여행'이었다. 고민고민하다가 더 멀리 더 오래 하겠다는 올림픽 정신으로 주제를 넓게 잡았다. 같은 시기에 나와 다른 여행작가 둘이 연재를 시작했는데, 나라를 주제로 칼럼을 연재한 작가들은 20회에서 마무리했지만 나는 〈우지경의 Shall We Drink〉라는 타이틀로 52회까지 꼬박 일 년을 썼다. 이듬해 사보에서 또 다른 여행 칼럼 연재를 제안받았을 땐 아예 연간 연재 계획을 메일로 보냈다. 담당자가 일 년 치 계획을 보내 주는 여행작가는 처음이라며 반색했다. 코로나 시국에 〈유네스코뉴스〉 연재를 맡게 되었을 때도 유네스코 문화유산 지역 분포와 월별 연재 계획을 냈다. 뭘 그렇게까지 하냐고? 입사 시 근로계약서를 쓰는 직장인과 달리 일을 할 때마다 계약서를 쓰지 않는 프리랜서로서 불확실한 미래를 확실하게 만들기 위해 세운 영업 전략이었다. (책 출간이나 큰 프로젝트의 경우 계약서를 쓰지만, 단발성 원고 청탁은 계약서를 쓰는 일이 거의 없다.)

늘 예측 가능한 미래도 있다. 이번에 거절하면 다음에는 연락이 오지 않을 것이라는 슬픈 예감은 종종 현실이 된다. 그래도 이제는 더 이상 밤새워 일하지 않는다. 지금 하는 일에 새로운 일을 더해 몸과 마음이 상할 것 같을 땐 "그 주에는 다른 마감이 있어서요, 일정을 조정해도 될까요?" 묻거나, "이번 일은 제가 일정상 못할 것 같아요." 하고 거절하는 용기가 생겼다. 오래오래 즐겁게 일하고 싶어서 어렵게 낸 용기다. 용기 낸 김에 나만의 페이스를 찾으려고 부단히 노력 중이다. 선택을 당해야 일하는 프리랜서지만 내게도 일을 선택할 권리가 있다는 걸 잊지 않으려고 한다. 배부른 소리라고 해도 좋다. 배부른 소리에 귀를 기울여야 '불안'해서 무리하는 나를 말릴 수 있으니까. 무리하지 않는다고 해서 불안하지 않은 것은 아니다. 여전히 더 이상 일이 들어오지 않으면 어쩌나 걱정한다. 그럴 땐 땅이 꺼질 듯 한숨만 쉬기보다는 그 불안을 에너지로 써서 지금 할 수 있는 일에 최선을 다하려고 한다.

그래도 불안할 땐 불안의 반대말을 떠올린다. 프리랜서 사전에 쓰고 싶은 '불안'의 반대말은 '믿음'이다. 누구를 믿냐고? 나 스스로를 믿어야지. 지금까지 잘 해냈으니, 앞으로도 잘 헤쳐 나갈 것이란 믿음의 뿌리를 마음속에 단단히 내려야 한다. 쉬운 일은 아니지만, 반드시 꼭 해내고 싶다.

생생한 여행의 경험을 씁니다

"물 들어올 때 노 젓자!"라는 태도로 일하다 보니 13년 차 여행작가가 되었다. 코시국 동안은 가뭄이었지만 땅을 파서라도 노를 저은 덕에 여행작가로 살아남을 수 있었다. 늘 지금 할 수 있는 일을 잘 해내자는 마음이지만 때때로 파도에 뺨을 맞고 나가떨어지는 듯한 기분도 든다. 그럴 땐 '이 파도가 내가 올라탈 파도인가. 저 파도가 내가 올라탈 파도인가' 서핑 보드 위에 누운 서퍼의 심정으로 파도를 바라본다. 좋아서 시작한 일도 한 번씩은 걷다가 멈춰 서서 이 길이 걷고 싶었던 길이 맞는지 돌아볼 필요가 있다. (서핑을 두 번밖에 안 해

본 주제에 굳이 이 말을 서퍼에 빙의해서 했다.)

열렬히 대만 가이드북을 쓰던 와중 사진가 Y에게 이런 말을 들었다. 괌 관광청 홍보를 대행하는 지인이 무료 배포용 가이드북을 만들고 싶어 하는데, 그가 사진을, 내가 글을 맡아 보면 어떻겠냐고. 굿 아이디어! 라고 동의했지만 생각처럼 착착 진행되지 않았다. 아쉬웠다. 말 나온 김에 내가 『타이완 홀리데이』를 쓰고 있는 출판사에 『괌 홀리데이』 출간을 제안해 보겠다고 총대를 멨다. 지금 생각해 보면 첫 해외 가이드북을 출간하기도 전에 두 번째 가이드북을 계약하기로 마음먹다니 참으로 용감한 초보 여행작가였다. 초보였던 내겐 프로 여행작가로 레벨업 하겠다는 목표가 있었다. 목표를 이루려면 경력을 쌓아야 했다. 지금 할 수 있는 일이 가이드북이니 한 권 더 쓰자. 한 권, 두 권, 세 권 책 쓰는 근력을 키워 다작을 해 보자. 가이드북을 여러 권 쓰면 그중 잘 팔리는 책이 나올 수도 있다는 게 초보의 프로 되기 전략이었다.

당시 괌 가이드북은 경쟁서가 거의 없었다. 그 말은 시장이 작다는 뜻이기도 하지만, 나 같은 초

보도 잘 쓰면 시장을 선점할 수 있다는 뜻이었다. 다행히 출판사에서도 괌 가이드북을 만들어 보자고 했고, 『타이완 홀리데이』로 호흡을 맞추고 있는 편집자와 두 번째 해외 가이드북 작업에 돌입하게 됐다. 괌은 대만에 비해 규모가 작으니 취향에 따라 볼거리, 놀거리, 먹거리를 즐길 수 있게 잘 큐레이션해서 보여 주면 되겠다 싶었다. 이왕 만드는 가이드북, 소장하고 싶은 잡지처럼 만들자고 욕심을 냈다. 바비큐 맛집 소개 페이지는 취향에 따라 고를 수 있도록 '분기 설정 도식'까지 만들었다. 무엇보다 생생한 여행의 경험을 살려서 쓰기 위해 애썼다. 그때 나는 직접 먹어 본 것, 해 본 것만 쓰자는 원칙을 세웠다. 정말 맹렬히 먹고 액티비티를 체험한 후기를 책에 생생하게 썼다. 그러기 위해서는 폭넓은 취재가 필요했다. 내돈내산으로는 한계가 있어서 관광청과 리조트, 항공사 등에 취재 협조 제안을 했고, 운이 좋게도 다양한 지원을 받을 수 있었다. 출판사의 여행경비 지원은 없었다. (n년이 지난 지금도 대부분의 출판사가 여행비 지원을 하지 않는다. 일부 출판사만 100만 원 정도 지원할 뿐이다.)

『타이완 홀리데이』와 『괌 홀리데이』를 연이어 출간하자 이번엔 출판사에서 먼저 홍콩 가이드북을 제안해 왔다. 홍콩의 경우 출간한 가이드북 개정판에 공저 작가로 참여하는 조건이었다. 친구가 홍콩에 사는 덕에 여러 번 다녀온 경험을 살려 생생하게 쓰려고 최선을 다했지만, 출간 후 판매율이 높지는 않았다. 홍콩 가이드북은 경쟁이 치열한 시장이었다. 반면 경쟁서가 없는 『괌 홀리데이』는 LCC(저가항공)가 속속 신규 취항을 하며 2쇄, 3쇄… 5쇄까지 중쇄를 찍었다. 그때 잠시 숨을 고르며 앞으로 어떤 기준으로 가이드북을 쓸지 생각했다. 오래오래 일하려면 나만의 기준이 필요했다. 일어나 중국어에 능통하다면 중국어권, 일본어권 가이드북 전문 작가로 나설 텐데 내 실력으로는 택도 없었다. 독문과 출신이라 읽고 쓸 수는 있으니 독일어권이라면 도전해 볼 만하겠다 생각했지만 '독일'을 혼자 쓰기엔 나라가 너무 컸다.

그러던 중 동아리 OB모임에서 자칭 포르투갈어로는 대한민국 상위 1%라고 자부하는 선배에게 "여행작가라면 포르투갈에 가 봐야지. 나는 거기 살고 싶어."라는 말을 들었다. 그리고 그해 가을 거짓말처럼 친구와 함께 리스본과 포르투를 여행하게 됐다. 여행 내내 생각했다. 포르투갈이 이렇게 좋은데 왜 단독 가이드북이 단 한 권도 없을까? 내가 써야겠다! 이번엔 약간의 우여곡절 끝에 『포르투갈 홀리데이』를 공저로 쓰게 됐다. 국내에 포르투갈 관광청이 없어서 출판사와 계약 후 포르투갈 대사관을 찾아가 관광청을 소개해 달라고 도움을 청했다. 포르투갈에 한국 여행자 자체가 보기 드문 시기다 보니 관광청 반응이 뜨뜻미지근했다. 어렵사리 중부 포르투갈 일부 취재만 협조 받았다. 그 덕에 현지 가이드와 함께 아베이루, 코스타 노바, 코임브라 등 포르투갈 중부를 여행하며 깊이 있는 취재를 할 수 있었다. 그 과정에서 남들이 모르는 보석 같은 여행지를 내 손으로 발굴해서 쓴다는 희열을 느꼈다. 그리고 그 경험을 통해 앞으로 어떤 가이드북을 쓸지 방향을 정했다. 이상적으로 말하면 '여행지를 발견하는 탐험가의 정신으로 가이드북을 쓰자', 현실적으로 말하면 '아직 한국인에게 덜 알려져 경쟁서가 없는 여행지를 찾아서 쓰자'라고나 할까.

가이드북을 쓰면서 여러 매체에 기고할 기회가 늘자, 시너지가 났다. 『타이완 홀리데이』를 쓸 때부터 한국경제의 일간지 여행 필진으로 합류했고, 『포르투갈 홀리데이』를 쓰면서는 〈에이비로드〉라는 여행 잡지 객원 에디터로 합류했다. 가이드북의 경우 취재를 다녀와도 책이 나오려면 6개월에서 1년씩 걸리는데 그사이 내 여행의 경험을 일간지와 매거진에 기사로 먼저 풀어냈다. 나름의 원소스 멀티유즈 전략이었다.

포르투갈 다음으로는 오스트리아를 선택했다. 단독 가이드북이 없는 데다 규모가 작아서 주요 도시 위주로 쓰면 쫀쫀한 가이드북을 만들 수 있을 것 같았다. 포르투갈어와 달리 내가 읽고 쓰기 편한 독일어를 쓰는 나라라는 점도 한몫했다. 오스트리아 가이드북을 쓸 땐 현지 관광청에 취재 협조 요청을 좀 더 세세하게 했다. 이를테면 인스브루크 관광청 담당자에게 취재를 도와주면 가이드북은 물론 당시 고정으로 기사를 쓰던 매체에 기사를 쓰겠다고 제안했다. 제안이 받아들여진 덕에 4일간 전문 가이드와 함께 인스브루크 시내를 샅샅이 둘러볼 수 있었다. 그렇게 대만부터,

괌, 홍콩, 포르투갈, 오스트리아까지 생생한 가이드북을 쓰기 위해 맹렬히 취재하고 집중해서 원고를 썼다. 한 출판사의 같은 시리즈 가이드북을 공저로 쓰다 보니 가속도가 붙었다. 그렇게 쓴 가이드북은 나의 포트폴리오가 되었다.

포트폴리오가 쌓이자, 출판사 편집자가 먼저 연락을 해 왔다. 여러 편집자 중 만나서 자세한 이야기를 나누고 싶다고 연락해 온 S 편집자가 유난히 기억난다. S 편집자는 차분한 어조로 이런 말을 건넸다. “작가님은 동남아(대만, 홍콩), 미주(괌), 유럽(포르투갈, 오스트리아) 다양하게 쓰셨더라고요. 그래서 어느 지역을 제안해야 할지 고민했는데 대만, 홍콩 쓴 경험을 살려서 방콕을 써도 좋고, 최근 핀란드 헬싱키 기사를 보니 헬싱키 책을 써도 좋을 것 같아요.” 전혀 생각하지 못했던 나의 현실과 잠재력을 짚어 주는 말이었다. 고마운 마음에 그 자리에서 대답했다. “방콕은 많이 다녀온 작가에 비해 경쟁력이 없을 것 같지만, 헬싱키는 취재만 제대로 하면 쓸 수 있을 것 같아요. 북유럽이라 물가가 비싸다 보니 핀에어랑 관광청 협찬을 받을 수 있나 알아보고 답 드려도 될까요?"

그날 당장 핀에어와 핀란드 관광청 홍보를 대행하는 담당자에게 연락했다. 얼마 뒤 취재를 일부 협조해 주겠다는 답변을 받고 난 후 S 편집자에게 헬싱키 책을 쓰겠다고 답했다. S 편집자와 나는 스톱오버 여행이 인기이니, 이 책을 내고 난 후 반응이 좋으면 스톱오버 시리즈를 내 보자는 야심 찬 대화도 나누었다. 새해 새 책을 계약하게 되어 설렜다. 설 연휴에 부산 본가의 엄마에게도 이 소식을 전해야지 했는데, 엄마의 암이 재발했다는 소식을 듣고 할 말을 잃었다. 엄마가 자궁경부암 수술을 한 지 3년 만이었다. 그때 분명 수술이 잘 되어 항암 치료도 할 필요 없다고 했는데. 대만 출장을 미루고 수술을 앞둔 엄마와 병실에서 함께 보내던 밤, 엄마 몰래 동생과 훌쩍이던 밤이 떠올랐다. 슬픔을 꾹 누르고 병원 복도를 서성이며 S 편집자와 전화 통화를 하던 기억이 난다. 일정을 조금 미뤄 달라고 부탁했다. 힘든 항암 치료를 받으면서도 엄마는 엄마 걱정 말고 취재를 다녀오라고 했고, 동생이 엄마 곁에서 보호자 자리를 지켰다. 핀란드로 취재 여행을 다녀온 후엔 집에서도 부산행 KTX 안에서도 엄마가 잠든 병원에서도 원고를 썼다. 노트북만 있으면 원고는 어디서든 쓸 수 있으니까. 내가 넘긴 원고와 사진은 S 편집자의 마법 같은 손길을 거쳐 아름다운 책이 되었다. 프롤로그 말미에 "건강을 되찾은 엄마와 수오멘린나 섬을 거니는 날을 꿈꿔본다."고 썼다. 그렇게 출간한 책이 헬싱키를 스톱오버로 여행하는 여행자를 대상으로 만든 세미 가이드북 『스톱오버 헬싱키』다. 따끈따끈한 『스톱오버 헬싱키』를 엄마에게 선물했더니 엄마가 프롤로그를 읽다가 조금 울었다. 나는 애써 밝은 목소리로 "엄마, 울지 마, 내년에 같이 헬싱키 가자."라고 했지만, 9개월 후 엄마는 세상을 떠났다. 그로부터 6개월쯤 후 세계는 팬데믹에 빠졌다. 2020년 3월 핀란드도 국경을 폐쇄했다.

코로나19로 여행 잡지와 가이드북이 세상에서 사라질 뻔한 위기를 겪고 난 후 가이드북을 쓰는 심정은 그 이전과는 좀 다르다. 더 이상 예전처럼 가이드북 집필과 신문, 잡지 기고를 동시에 하며 시너지를 낼 수 있는 환경이 아니다. 코로나19

라는 공백기 동안 방치되었던 가이드북을 개정판으로 심폐 소생시킬 것인가. 고민 끝에 몇 권은 계약을 해지하기로 했다. 돈과 시간과 에너지를 들여 생생한 여행의 경험을 꾹꾹 눌러 담은 개정판을 만든다고 해도 내가 투자 시간과 비용을 회수하기 어렵겠다는 판단에서다. 아무래도 앞으로 어떤 기준으로 책을 쓸 것인가 고민할 시기가 다시 온 것 같다.

더불어 나도 새로운 파도에 올라타는 시도를 해야 한다고 생각한다. 그 파도가 나랑 맞을지 아닐지는 파도를 타 봐야 알 테니. 그게 어떤 형식이든 덜 알려진 여행지를 발견하고, 경험해서 생생하게 전달하고 싶다는 마음은 변함이 없다. 내가 생각하는 여행작가는 생생한 여행 경험을 콘텐츠로 만드는 사람이니까.

떠나고 싶은 마음은 굴뚝같았지만

"멀쩡한 회사 그만두고 왜 이 일을 해?"

"이제부턴 좋아하는 일을 하며 살고 싶어요."

"여행이 좋아서?"

"여행도 좋고, 글 쓰는 게 좋아요."

"그런 마음이면 딱 10년만 해 봐. 뭐가 되어도 될 거야."

우과장 생활을 청산하고, 전업 여행작가로 들어선 첫해에 대선배 여행작가와 나눈 대화다. 당장 베스트셀러 작가가 되라는 것도 아니고, 딱 10년 해 보라는 말에 어쩐지 힘이 났다. (3년마다 이직을 하긴 했지만) 직장생활도 12년 했는데, 10년쯤

이야 하는 배짱까지 생겼다. 매년 책 한 권씩 쓰고, 기고만장(미디어에 기고를 만 장하겠다는 아재개그다) 하자는 목표도 세웠다. 이왕이면 목표를 달성해 보자 하는 마음으로 책은 물론이고 일간지, 월간지, 사보, 칼럼 연재 등 들어오는 일은 마다하지 않고 하다 보니 시간이 폭포처럼 흘렀다. 그렇게 딱, 10년이 지나자 코로나19가 터졌다. 오호통재라! 기고만장은 이미 한 것 같고, 여행책도 아홉 권을 썼는데 코로나19라는 복병을 만날 줄이야.

코로나19 직전까지 일주일에 두 번쯤 출근해서 프로젝트를 돕던 여행 매거진이 가장 먼저 휴간을 선언했다. 곧이어 일간지 해외여행 지면이 사라졌다. 얼마 뒤 대한항공 기내지 〈모닝캄〉도 휴간에 들어갔다. 매달 국내 여행 기사를 쓰던 〈모닝캄〉까지 곁을 떠나고 나니, 강물처럼 흐르던 시간이 멈춘 것 같았다. 느닷없이 '암 선고'를 받은 사람마냥 강하게 현실을 부정했다. 에이, 아닐 거야. 코로나19가 뭐라고. 뭐 그렇게 오래가겠어.

현실을 부정하면 할수록 사태는 점차 심각해졌다. 하루가 멀다고 세계 각국이 국경을 폐쇄했다. 설마 했던 핀란드 출장도 결국 취소됐다. 가지 못하는 출장보다 심각한 손해는 이미 다녀온 출장이었다. 2019년에만 여러 번 타이베이를 들락거리며 취재했는데, 타이베이 가이드북 진행이 전면 중지됐다. 여행을 못 가는데 가이드북이 팔릴 턱이 있나? 머리로는 이해하면서도 입으로는 한숨이 푹푹 나왔다. 내년에 취재 가기로 한 가이드북은 또 얼마나 미루어질지 생각하면 머리가 아팠다. 갈수록 상황이 악화되자 왜 나에게 이런 일이 일어날까? 그동안 얼마나 열심히 살았는데 왜 하필 지금, 하는 생각마저 들었다. 모두가 힘든 시기를 통과하는 중인데, 내게만 불행이 찾아온 것처럼 여기는 지경에 이르렀다.

시간이 좀 더 흐르자, 인과관계를 다시 생각하게 되었다. 그때 취재를 다녀온 것과 팬데믹은 아무 상관이 없어. 그저 누구도 여행할 수 없는 사태가 점점 길어질 뿐이야. 마침내 막막한 상황이 언제 끝날지 모른다는 걸 받아들이게 되었다. 그렇다면 지금 여기서 할 수 있는 일을 하자. 여행 기사나 책을 쓸 수 없다면 다른 일을 찾아야지. 때마침 모 구청 소식지에서 인터뷰 기사를 쓸 에디터를 찾는다는 연락을 받았다. 1초의 망설임도 없이 하겠다고 했다. 찬밥 더운밥 가릴 때가 아니었다. 팬데믹 전 광고회사에 다니던 남편도 프리랜서로 전향한 터라 더 마음이 조급했다.

들어오는 일은 다 마다하지 않았다. 팬데믹 초기엔 주로 사보와 매거진의 인터뷰 기사를 썼다. 마스크를 쓴 채 부지런히 돌아다니며 인터뷰를 하고 녹취를 풀었다. 하고 싶었던 일은 아니었지만 막상 해 보니 나름의 재미가 있었다. 여행을 다니며 새로운 세계를 만나는 대신, 새로운 사람을 인터뷰하며 그 사람의 세계를 만나는구나 싶었다. 그런 마음으로 인터뷰 기사를 쓰던 중 국내 여행 칼럼을 쓸 기회가 생겼다. 유네스코에서 발행하는 〈유네스코뉴스〉에 국내 유네스코 문화유산, 자연유산, 기록유산 등을 소개하는 칼럼을 맡게 되었다. 그간 해외로 나돌았으니(?) 이참에 나도 국내 여행을 깊이 있게 해 보자는 마음으로 매달 여행하고 글을 썼다. 글을 쓰다 보니 역사 공부가 부족한 것 같아 한국사를 공부하기도 했다.

내가 인터뷰 대상이 된 적도 있다. 여행 매거

진 〈론리플래닛〉에서 "집에서 이국을 여행하는 법"이라는 기획으로 여러 명을 인터뷰했는데 그 중 1인이 나였다. 섭외 요청을 받았을 땐 잡지에 나갈 정도로 집이 예쁘지는 않다고 겸손을 떨었지만, 지금이 아니면 언제 내 공간이 잡지에 실릴까 싶어 응했다. 촬영 당일에 어찌나 청소를 열심히 했던지. 에디터와 사진작가가 집으로 와 사진을 찍는데 서재 사진 속에 미처 치우지 못한 로봇 청소기가 출연하고 말았다. 나의 분신 같은 로봇 청소기가 서재에 잠복해 있는 줄도 모르고, 침실에서 어색하지만 최대한 어색하지 않은 척 포즈를 취했다. 그 결과 누가 볼까 두려우면서도 누구라도 아는 척을 해 주면 기분이 좋을 것 같은 기사가 잡지에 실렸다.

며칠 뒤 뜻밖의 연락을 받았다. 『스톱오버 헬싱키』라는 책을 낸 출판사 여행팀 Y 팀장님(편집자)이었다. 론리플래닛 기사를 보고 반가워서 연락했다는 말에 그저 안부 인사려니 했다. 그런데 '집에서 이국을 여행하는 법'이란 테마로 에세이를 출간하자는 제안을 하는 게 아닌가. 얼떨떨했다. 소리를 지르고 싶을 만큼 기쁘면서도, 이렇게 에세이를 써도 되나 망설여졌다. 나의 첫 에세이는 당연히 테마가 있는 여행 에세이일 거라 생각했는데, 그 테마가 '집구석 여행'일 줄이야. Y 팀장님은 최대한 빨리 출간하고 싶어 했다. 나도 이 시국에 책을 쓸 수 있다는 게 좋아서 앞뒤 가리지 않고 뛰어들었다. 그리하여 두 달 안에 에세이 쓰기에 돌입했다. 계약서 도장을 찍기도 전에 원고를 쓰기 시작한 나는 정확히 두 달 만에 에세이 15편을 썼다. 완성도를 따지기보다 일단 완성하고 보자 하는 마음으로 쓰다 보니 마감을 지킬 수 있었다. 기고만장하면서 마감일에 맞춰 원고 쓰는 근육을 키웠던 게 그때 힘을 발휘했던 것도 같다.

2020년 8월 성수동의 정원이 넓은 카페에서 Y 팀장님을 만나 내가 쓴 에세이 책을 받았을 때도 여전히 코로나19 시국이었다. 우리는 큐알코드를 찍고 카페로 입장해 탐스러운 거품이 올라간 맥주잔을 부딪히며 자축했다. 팀장님은 (그놈의 코로나 덕에) 오랜만에 에세이를 편집했다고 했고, 나는 (그놈의 코로나 덕에) 난생처음 에세이를 냈다. 제목은 『떠나고 싶은 마음은 굴뚝같지만』이다. 혹시라도 2021년엔 팬데믹이 끝날까 봐 출간을 서둘렀는데, 출간 후에도 지긋지긋한 팬데믹은 이어졌다.

책을 쓰는 내내 '멈춰 있는 시간도 소중하다'고 마음을 다잡은 덕에 멀리 떠나지 않아도 소소한 행복을 찾으며 지낼 수 있었다. 2021년에는 지인들과 마작 모임을 만들어 주말마다 서로의 집에서 마작 파티를 하며 놀았다. 2022년 사회적 거리 두기 단계가 조금 완화되었을 땐 수영을 배우기 시작했다. 그때는 수영장이 유일하게 마스크를 쓰지 않아도 되는 장소였다. 처음엔 해방감이 좋았고, 계속하다 보니 앞으로 나아가는 기분이 좋았다. 세상이 멈춰 있어도 수영장에서만은 앞으로 나아가는 기분이라니! 좋은 기분으로 수영을 하다 보니 수영 에세이가 쓰고 싶어졌다. 쓰고 싶은 마음이 굴뚝같을 땐 쓰면 된다. 일단 브런치에 글을 쓰자, 하는 긍정적인 마인드도 생겼다. 그 전까지는 원고료가 없는 글은 잘 쓰지 않는 게 직업병이었다. 2년이 지난 지금, 매일 수영하고 글 쓰는 것은 소중한 루틴이 되었다.

나의 두 번째 에세이(이 책)도 대부분 수영장에

다녀온 후 책상에 앉아서 썼다. 지금 쓰고 있는 이 글도 마찬가지. 무엇보다 이 책을 세 달 만(집필 기간)에 쓰겠다고 계약한 건, 팬데믹 동안에도 어떤 글이든 꾸준히 썼기에 가능한 일이다. 얼마나 다행인지 모른다. 글쓰기에는 국경도 나이도 없으니까. 어떤 상황에서도 무엇이든 쓸 수 있으니까.

네, 요즘도 가이드북 보는 사람이 있어요

가이드북을 여러 권 썼다고 하면, "요즘도 가이드북 보는 사람이 있어요?"라고 되묻는 사람이 있다. 처음엔 당황해서 대답도 못 하고 우물쭈물했다. 비슷한 질문을 여러 번 받다 보니, "MBTI가 P세요? 어떻게 가이드북 한 권 안 보고 여행을 가요?"라고 되묻는 배짱이 생겼다. J라면 미리미리 가이드북을 보며 여행 계획을 세울 텐데, P라서 그렇다고 무안을 주는 건 사실 상처받지 않으려고 쌓은 방어벽이다. 보지도 않는 가이드북을 썼냐고 면전에서 던지는 질문은 언제 들어도 예쁘게 쌓아 올린 소프트 아이스크림을 한 손으로 받으려다 땅에 떨어뜨린 것처럼 울적하다.

틀린 말도 아닌데 뭐 그렇게 예민하냐고? 나도 안다. 요즘처럼 블로그, 인스타그램, 유튜브 등 온라인에 여행 정보가 넘쳐 흐르는 시대에 가이드북 읽는 사람이 점점 줄고 있다는 걸. 한마디로 가이드북의 전성기는 지났다. 전성기가 지난 가이드북이 꼭 40대가 된 후 더 이상 예전 같지 않은 내 체력과 비슷하다면 쓸쓸한 자조일까? 이런 비유는 어떤가. SNS에서 조회수 높은 여행 콘텐츠가 성수동에 문을 연 화려한 팝업 스토어 같다면, 가이드북은 동네 반찬가게 같다. 어떤 이는 정겹다고 하고 어떤 이는 평범하다고 할 반찬가게.

취재부터 집필까지 가이드북 쓰는 일은 수십 가지 반찬을 재료부터 손수 다듬고 만드는 일과 비슷하다. 가이드북이 반찬가게만큼 유용하다는 것도 닮았다. 인터넷에서 여행 정보를 수집하는 게 반찬 재료를 구입해 손질하는 일에 가깝다면, 가이드북을 읽는 것은 반찬가게에서 입맛에 맞는 반찬을 고르는 것과 유사하다. 예를 들어 리스본 여행을 계획하며 블로그에서 가고 싶은 맛집과 명소를 몇 군데 찾았다고 치자. 일정을 짜려면 구글맵에서 위치와 영업시간 입장료 등을 일일이 확인해야 되지만, 가이드북에는 정보가 일목요연하게 나와 있다. 가이드북 쓰는 작가가 정보를 쓰면 교정을 볼 때 교정자와 편집자가 일일이 확인한다. 1교, 2교, 3교, Ok교를 보는 사이 가격이 오르거나 영업 시간이 바뀌더라도 일일이 체크해서 반영한다.

무슨 부귀영화를 누리겠다고 그렇게 만드냐고? 낯선 여행지를 책 한 권에 의지해 여행할 독자를 생각하면 대충 만들 수가 없다. 가이드북을 쓰기로 마음먹은 이상 누군가의 '믿는 구석'이 되어야 하는 건 여행작가와 편집자가 가져야 할 덕목이라 생각한다. 그래서 여행작가와 편집자는 쫀쫀한 가이드북을 만들기 위해 안간힘을 쓴다. 인터넷에는 없는 새로운 정보나 깊이 있는 정보를 주기 위해 공을 들인다. MBTI가 P라도 가이드북을 만들 때만큼은 대문자 J가 되어 지지고 볶으며 책을 만든다.

반찬가게가 발전했듯 가이드북도 여행 트렌

드에 맞춰 진화했다. 가이드북을 살까 말까 고민하는 예비 독자에게 매력을 발산하기 위해 보다 풍부한 읽을거리와 화보처럼 아름다운 여행 사진, 어떤 테마로 여행하면 좋을지 살뜰히 짚어 주는 정보로 페이지를 구성한다. 가이드북 앞부분에서는 나라 혹은 도시 정보를 콕콕 짚어 주고, 어떻게 하면 멋지게 여행할 수 있을지 볼거리, 즐길거리, 먹거리, 쇼핑 아이템까지 친절하게 알려 준다. 특히, 요즘 가이드북의 여행 코스 페이지는 매우 유용하다. 나도 가이드북을 쓸 때 코스 짜기에 심혈을 기울인다. 시간을 허투루 쓰지 않으면서도 피곤하지는 않게 명소와 명소 옆 맛집을 둘러볼 수 있게 짜려고 무진장 애쓴다. 이렇게 코스를 짰다가 저렇게 코스를 짰다가, 어떤 코스가 더 효율적일까 저울질을 하느라 머리를 쥐어짠다. 지난 해 『리얼 포르투갈』이란 가이드북을 쓰며 코스를 짜다가 문득 이런 생각을 한 적이 있다. '챗GPT가 1초 만에 여행 코스도 짜 주는 마당에 나는 왜 이러고 있나. 칫, 제아무리 AI가 똑똑해도 여행작가가 일일이 발품을 팔아서 짠 코스보다 좋을 수는 없지. 그렇다고 챗GPT를 멀리할 필요 있나. 똑똑한

보조작가라고 생각하고 의견도 한번 들어 보자. 이렇게 나는 이 시대에 맞는 가이드북 작가가 되어 가는 거지 뭐.' (독자 여러분도 여행 준비할 때 가이드북 코스와 챗GPT 코스를 비교하며 일정을 짜 보시길.)

다행히 가이드북을 세상에 내놓고 나면 "이 책 하나만 들고 왔어요. 덕분에 여행 잘하고 있어요." 같은 다정한 인사말을 듣기도 한다. 요즘은 인스타그램 스토리에 나를 태그해 여행지에서 책 사진을 올려 주는 사람도 있다. (독자님 고맙습니다!) 그런 날은 평양냉면을 국물 한 방울 남기지 않고 뚝딱 비운 사람마냥 마음이 부르다. 가고 싶은 여행지가 생기면 가이드북부터 사서 읽는다는 은혜로운 독자님을 영접한 적도 있다. 훌라 댄스 클래스에서 만난 자매였다. 꼭 가고 싶은 나라에 대해 미리미리 알아 두기 위해 가이드북을 읽는다는 동생이 눈빛을 반짝이며 내게 물었다. "포르투갈이 너무 가고 싶어서 『리얼 포르투갈』을 샀는데 그 책을 썼어요?" 그녀의 밝은 표정을 보며 고개를 끄덕이다 보니 오래도록 구겨져 있던 마음이 스팀다리미로 다린 듯 쫙 펴지는 것 같았다.

그날 훌라 춤을 추며 여행작가가 되기 전의 나를 떠올렸다. 뉴욕에 너무 가고 싶어서 뉴욕 가이드북을 사서 보던 나. 지도를 보고 동네 이름을 익히고 가고 싶은 공원과 카페의 이름을 외우던 나. 가이드북만 사서 읽은 게 아니었다. 영화 기자가 쓴 뉴욕 여행 에세이를 읽으며 뉴욕이 배경인 영화를 찾아보고, 미술 전문가가 쓴 뉴욕 미술관 여행책을 읽으며 뉴욕의 미술관에 대해 알아갔다. 뉴욕에 언제 갈지는 몰라도 뉴욕을 잘 아는 사람이 되어 가는 과정이 얼마나 즐거웠던가. 마침내 뉴욕에 갔을 때 상상이 현실이 되는 감동이란! 블로그 속 핫플을 찾아다니며 컨트롤 C 컨트롤 V 하는 것과는 비교할 수 없이 좋았다. 그때 느꼈다. 책값에 몇만 원만 투자하면 여행이 한결 깊어진다는 걸. 독서만큼 즐거운 여행 준비가 없다는 것도.

가이드북을 읽고 여행을 준비하는 독자도 나와 결이 비슷할 것이다. 여행의 '시작'은 '여행 준비'부터라고 믿으며 이왕 하는 여행 준비 제대로 하고 싶은 사람. 어쩌면 독서만큼 즐거운 여행 준비가 없다고 믿는 사람일지도 모른다. 그렇다면 가이드북은 기본이고, 테마가 있는 여행 에세이 한두 권은 읽어야 직성이 풀릴 것이다. 가이드북을 훑어보아야 낯선 나라나 도시에 대한 이미지가 머릿속에 정리되고, 테마가 있는 여행 에세이를 읽어야 나만의 여행 일정을 짤 수 있을 테니. 그게 누구든 잘 읽히는 가이드북은 든든한 여행 친구가 되어 줄 것이다. 그런 생각을 하면 내 체력이 허락하는 날까지 술술 읽히고 콕콕 짚어 주면서도 이야기꾼 같은 가이드북을 쓰고 싶어진다. 혹여나 잃어버릴까 스마트폰만큼이나 손에 꼭 쥐게 되는 가이드북.

덧. 기회가 되면 테마가 있는 여행 에세이도 쓰고 싶다. 위스키가 좋아서 스코틀랜드로 간 부부 이야기. 혹은 수영이 좋아서 세계의 멋진 수영장을 수집하는 '수치광이' 여행작가 이야기.

라디오 게스트의 세계

'이제 여의도로 출근할 일은 없겠지.' 63호텔앤리조트를 그만두며 생각했다. 이번 생에 국회의원이 될 일도, 금융인이 될 일도 없으니 여의도 시절은 여기까지가 끝이구나 싶었다. 10여 년 후 일요일 아침마다 여의도에 갈 줄은 꿈에도 몰랐다. 역시 사람 일은 장담하는 게 아니다. 63빌딩이 있는 동여의도가 아니라 국회의사당이 있는 서여의도긴 해도 요즘 나는 매주 여의도로 출근한다. 온 국민이 아는 KBS가 일요일의 일터다.

2024년 2월 말부터 KBS1라디오 뉴스월드에 게스트로 출연하고 있다. 때때로 팟캐스트나 라디오에 출연한 적은 있어도 '고정 게스트'는 처음이다. 맡은 코너는 〈테마가 있는 지구촌 여행〉이다. 여의도에서 63빌딩 홍보 담당으로 일할 때 출입기자였던 한 일간지 미술 기자님이 나를 라디오 작가님에게 소개해 준 덕이다. 63아트(63빌딩 전망대에 있는 미술관)를 홍보하던 내가 여행작가로 전향해 꾸준히 책을 내는 모습을 SNS로 보고 연락했다는 기자님의 전화를 받았을 때 뭉클했다. 라디오에 출연할 여행작가로 나를 떠올렸다는 것도, 여전히 핸드폰 번호를 저장하고 있다는 것도 참 고마웠다.

라디오 작가님의 전화를 받았을 때도, PD님의 전화를 받았을 때도 나는 흔쾌히 하겠다고 했다. 잘할 수 있을까 하는 걱정보다는 라디오와 친해질 거라는 생각에 살짝 설렜다. 뉴스 프로그램에 여행 전문가로 섭외됐다는 뿌듯함도 컸다. 여행작가 중엔 라디오 게스트로 시작해, TV 프로그램 게스트로 진출하는 경우도 있고, 라디오 DJ로 활약하는 선배도 있다. 그에 비하면 이제 시작이지만, 새로운 도전을 하게 돼 기뻤다. 무엇보다 간혹 라디오 게스트로 출연하며 느꼈던 라디오 스튜디오라는 공간의 응축된 에너지가 좋았다. 혼자 일하는 프리랜서이다 보니 일주일에 한 번 여러 전문가들과 일하는 것도 기분 좋은 자극이 될 것 같았다.

게다가 나는 글 쓰는 것만큼이나 말하는 것을 좋아한다. 학창시절엔 발표하는 게 좋았고, 회사생활을 할 때도 프레젠테이션을 즐겼다. 여행작가가 되고 나서는 여행 강연을 하거나 글쓰기 강의를 하는 게 좋다. 일단 TPO에 맞게 차려입고 단상에 올라 주인공이 되는 기분에 설렌다. 의자에 앉아서 해도 되는 강의여도 서서 수강생들의 시선을 집중시키는 편이 좋다. (아무래도 관종인 걸까.) 하지만 좋아하는 것과 잘하는 것은 또 다른 문제다. 음식을 좋아하는 것과 요리를 잘하는 게 다르듯, 말하기를 좋아한다고 해서 아직 말을 잘하는 단계에 이르지는 못했다. 강의 제안을 받으면 잘하고 싶은 마음에 재깍 수락하지만 막상 강의가 시작되면 여러 변수에 멘탈과 목소리가 사정없이 흔들리며 덥석 수락한 나를 원망한다. 화가 난 듯한 표정으로 노려보는 분과 눈이 마주치면 말이 꼬인다. 말이라는 게 한 번 꼬이기 시작하면 꼬리에

꼬리를 물며 꼬이기도 한다. 가끔 딴짓을 하거나 조는 분도 있다. 그럴 땐 여유로운 목소리로 농담이라도 하며 분위기 전환을 하기는커녕, 강의가 너무 지루한가 싶어 말이 마구 빨라진다.

이런 나지만, 매주 라디오 게스트를 하다 보면 말을 더 '잘'하는 사람이 될 거란 기대감에 출연하기로 마음먹었다. 그런데 말을 잘하기 전에 일단 대본을 잘 써야 한다는 생각은 미처 못 했다. 첫 방송 대본으로 최애 여행지 포르투갈 리스본 여행에 대해 쓰며 대본 쓰기가 쉽지 않다는 것을 깨달았다. 『리얼 포르투갈』이라는 책 한 권을 쓴 나인데 A4 네 장 분량 대본을 하루 종일 붙잡고 있는 게 아닌가. 질문과 답변으로 이루어진 대본을 써 보는 게 처음이기도 했지만, 말하듯이 쓰는 게 영 어색했다. 질문도 게스트가 쓰냐고? 그렇다. 게스트가 질문과 답변으로 이루어진 대본을 1차로 쓰면 라디오 작가가 그 대본을 검토하고 다듬은 후 생방송 대본으로 쓰인다. 질문하는 아나운서도 답변하는 나도 자연스럽게 읽으려면 대본도 자연스러워야 했다. 옷 수선하듯 한 땀 한 땀 고쳐야 했다.

초저속으로 쓴 대본을 라디오 작가님에게 보낸 후 소리 내어 읽어 보았다. 어색했다. 해외 여행지 소개 특성상 외국어 지명이 많은데, 지명을 글로 정확하게 쓰는 것과 읽는 것은 완전히 다른 일이었다. 밝고 경쾌하게 대답하고 싶은데, 말이 꼬일까 걱정이 돼 대본을 외우다시피 했더니 말투가 AI 못지않게 딱딱해졌다. 게다가 진행자가 휴가라 다른 아나운서가 진행한다는데, 주인 없는 프로그램을 초보 게스트가 망치면 어쩌지. 걱정을 한다고 걱정이 없어지는 것도 아닌데, 방송국 가는 내내 걱정을 멈출 수가 없었다.

KBS 본관에 일찍 도착했지만, 라디오 스튜디오로 직행하는 대신 화장실에 들렀다. 정신 바짝 차리자 속으로 다짐하며 죄 없는(?) 얼굴을 팩트 퍼프로 마구 두들기는데, 누군가 옆에서 우아하게 손을 씻었다. 혹시 저분이 오늘의 진행자? 예감이 맞았다. 빨간색 온에어 사인이 켜지자, 대타 아나운서는 매끄럽게 진행을 이어 갔고, 다른 게스트들은 프로페셔널하게 질문에 답했다. 나만 떨고 있었다. "대본대로 할 필요 없이, 자연스럽게 말하면 돼요."라는 라디오 작가님의 말에 힘을 내어 라디오 부스에 들어갔다. 다행히 웃는 얼굴로 질문하고 호응해 준 진행자 덕에 방송은 잘 마쳤다. 문제는 보이는 라디오를 생각하지 못한 내가 너무 빨리 일어서 버린 것. 일어섰는데 부스 문을 열 수가 없어 문 앞에서 화장실 가고 싶은 강아지 마냥 서성이는 모습이 라이브 영상에 나가 버렸다. 그 실수 이후에는 진행자의 클로징 멘트가 끝나고 음악이 흘러도 웃으며 자리를 지킨다. 그 정도 고칠 점은 쉽게 수정할 수 있었다.

회를 거듭하며 출연해도 대본 쓰는 속도는 좀처럼 빨라지지 않았다. 매주 대본을 쓸 때마다 내 자아는 '대본 쓰는 나'와 '대본 쓰는 나를 바라보는 나'로 분리되었다.

대본 쓰는 나: 답답해 죽겠네. 왜 이렇게 빨리 안 써지냐.

대본 쓰는 나를 바라보는 나: 대본은 처음이잖아. 막 발차기를 배운 수영 초급반이라고 생각해 봐. 자꾸 써야 빨라지지. 답답해하지 마!

다행히 '대본 쓰는 나를 바라보는 나'가 '대본

쓰는 나'보다 말발이 세서, 내가 나를 기다려 주기로 했다. 그러자 대본 쓰는 속도도 조금씩 빨라졌다. 자꾸 쓰다 보니 요령이 생기는 것 같았다. 그래서인지, 라디오 작가님에게 "작가님이 보내준 대본은 고칠 게 없어요."라는 칭찬도 들었다.

문제는 실전이었다. 내가 쓴 대본을 내가 읽는데, 막상 마이크 앞에 앉으면 목소리가 뜨고 발음이 꼬였다. 대본을 참고로 하며 자연스럽게 말을 해야 하는데 자꾸 읽다 보니 더 발음이 꼬였던 것 같다. 거기에 생방송 특성상 앞 순서의 길이가 길거나 짧아지면 마지막인 내 코너 길이를 늘이거나 줄여야 했다. 그런 상황이 생길 때마다 나는 매번 당황했다. 속으로 당황하는 게 아니라 목소리와 표정에서 당황하는 티를 냈다. 한번은 당황해서 마지막 인사 "감사합니다."를 못 한 채 내 코너를 끝내고 말았다. 그날 이후 다시는 그런 실수를 하지 않겠다고 다짐하며 매주 내 대본 마지막에 나를 위한 지문을 써 놓는다. (인사) 감사합니다!

그럼에도 불구하고 "감사합니다" 인사를 빼먹는 실수를 또 하고 말았다. 왜 그랬을까? 그 한마디를 왜 못 했을까? 수영으로 치면 아직 물이 무서운 수영 초급반처럼 생방송이 두려운 내가, 상급반처럼 '잘'하고 싶은 마음만 있었지, 연습이 부족한 건 아닐까? 부족한 것은 채우면 되는 일. 말하기는 초보라는 걸 인정하고, 앞으로는 대본이 입에 착 붙을 때까지 반복해서 읽고 난 후 방송을 해 보려고 한다. 발음과 발성에도 좀 더 신경 써 보자. 그런 의미에서 오늘은 말하기 강사의 유튜브를 구독했다. 내일은 도서관에 빌린 책을 반납하러 가는 김에 말하기 책을 빌려야지.

라디오 게스트는 하루이틀 하고 그만둘 일도 아닌데. 앞으로는 잘하기보다 오래 하기에 중점을 두고 싶다. 일과 함께 성장하는 즐거움은 일을 계속해야 느낄 수 있으므로. 더디더라도 매주 반복되는 일을 즐겨 보자. 능력은 반복을 통해 기르는 것이니까. 이런 마음가짐으로 1년, 2년 라디오 게스트를 하다 보면 말 잘하는 여행작가가 되어 있을 것이라 믿는다.

여행작가가 되고 싶다면

최근 친척 장례식장에 근조화환을 보내려다 멈칫했다. 프리랜서이니 사명을 쓸 수도 없고, 여행작가 우지경이라고 써서 보내도 괜찮겠냐고 친구에게 물었더니 "여행작가라고 쓰면 인플루언서 같으니 작가라고 쓰는 게 낫지 않냐"는 답이 돌아왔다. 그런가? 처음엔 갸우뚱했지만 곱씹을수록 납득이 갔다. 여행작가라고 하면 에세이나 가이드북을 쓰는 작가를 떠올릴 수도 있지만, 여행 블로거를 떠올릴 수도 있고, 여행 유튜버를 떠올릴 수도 있을 테니 말이다.

나날이 변화하는 여행 트렌드에 따라 여행작가라는 네 글자가 품은 의미도 달라지는 것 같다. 나는 글을 써서 먹고사는 여행작가지만 여행작가와 여행 블로거, 여행 유튜버의 공통 분모는 하나라고 생각한다. 모두 여행의 경험을 콘텐츠로 만드는 사람들이다. 이 말은 여행을 '기록'하기 '좋아하는' 사람이라면 누구나 도전할 수 있다는 얘기다. 여기서 기록은 마음속에 저장하는 게 아니라 글, 사진 또는 영상으로 남기는 걸 말한다.

여행을 좋아하고, 여행이 체질이지만 기록하지 않는다면, 가슴에 손을 얹고 여행작가가 되고 싶은 게 맞는지 다시 생각해 볼 필요가 있다. 여행작가가 되고 싶은데 기록하지 않는 것은 로또에 당첨되고 싶지만 로또는 사지 않는 것과 같으므로. 로또를 한 장도 사지 않은 사람의 결말은 뻔하지 않은가.

지금까지 여행을 제대로 기록하지 않았다고 시무룩할 필요는 없다. 이제부터 하면 된다. 시작부터 풀프레임 DSLR이나 고프로가 없어도 된다. 스마트폰만 있다면, 어디서 무엇이든 사진과 영상으로 기록할 수 있다. 카메라가 없어서 사진을 못 찍는다는 말은 핑계다. 중요한 건 사진 (또는 영상) 안에 담긴 고유의 시선이다. 여행 중 내 시선을 끌고 마음을 움직이는 순간을 포착한다면, 사진으로도 찍고 그때의 감정과 생각을 메모하는 게 좋다. 부지런히 걸어 다니느라 메모를 못 한다는 말 역시 핑계다. 스마트폰에는 음성 메모 기능이 있지 않은가. 요즘은 녹음한 내용을 바로 텍스트로 바꿔 주는 앱도 많다.

이미 여행을 기록하고 있다면, 콘텐츠로 만들어 공유해야 한다. 여행 경험을 널리 알려야 독자가 생긴다. 요즘 같은 1인 미디어 시대에 인스타그램, 블로그, 브런치 등등 중에 성향에 맞는 플랫폼을 찾아 꾸준히 포스팅하거나 연재하면 된다. 뉴스레터를 발행하는 것도 방법이다. 지속적으로 여행을 글과 사진으로 기록하다 보면 어떤 글을 쓸 때 즐거운지 알게 될 것이다. 신나게 쓰다 보면 댓글이나 조회수 등으로 반응을 느낄 수도 있을 것이다. 차곡차곡 기록을 쌓아 가다 보면 어느 날, 거짓말처럼 기고나 출간 제안을 받을 수도 있다. 이런 기적이 일어나지 않는다면 출판사에 출간 제안을 하면 된다. 로또 50장을 사서 당첨되는 것보다는 50곳의 출판사에 출간 제안을 해서 책을 낼 확률이 높지 않을까?

웹진이든 일간지든 월간지든 미디어에 여행 콘텐츠를 제공한 대가를 돈으로 받게 된다면 그 때부터 프로 여행작가 대열에 들어서게 된다. 취미로 여행 콘텐츠를 만드는 것과 프로로서 여행 콘텐츠를 만드는 것의 차이는 '돈'이다. 취미로 이런저런 미디어에 여행기를 쓰고 자비로 여행작가 명함까지 만들었다고 해도 그 일로 돈을 벌지 못하면 프로가 아니라고 생각한다. 물론 태어날 때부터 프로인 사람은 없다. 많은 사람들이 취미로 시작해 프로의 길을 걷는다. 그러니 일단 취미로 여행을 기록해 보라고 추천하고 싶다.

회사에 다니며 원고를 기고하거나 책을 출간하게 되었다고 해서 직장을 그만둘 필요는 없다. 직장인의 월급보다 안 오르는 게 원고료다. 12년 전 내가 받던 원고료와 지금 내가 받는 원고료는 비슷하다. 오히려 종이 매체 비중을 줄이며 제작비가 줄었다고 원고료를 깎는 업체도 있다. 기고는 그렇다고 치고, 책이 대박 나면 큰돈을 벌 수 있다는 말을 기대했다면 미안하다. 여행작가든 에세이스트든 소설가든 작가가 책을 써서 내는 수익은 인세 10%가 전부다. 1년에 정가 19,000원인 책을 1만 부 판다고 해도 1,900만 원인 셈이다. 1만 부면 1쇄에 2천 부씩 인쇄했을 때 5쇄나 찍었다는 이야기인데 이 정도 많이 중쇄를 하는 경우는 출판계에서는 행복한 케이스다.

이래도 할 거냐고 겁주려는 말이 아니다. 업계 현실은 알고 시작해야 노력 대비 약소한 보상에 덜 실망하고, 선배들이 해 보지 못한 새로운 시도를 할 수 있지 않을까 하는 마음에서다. 나 역시 여행작가로 먹고살기 힘들다는 말을 들었지만 여행작가의 길로 들어섰다. 그럼에도 불구하고 여행하고 글 쓰며 살아 보고 싶어서였다. 그때 포기한 것은 월급이고, 얻은 것은 여행할 자유였다.

"아직 책을 못 끊으셨네요."

얼마 전 오랜만에 S 편집자와 전화로 서로의 근황을 묻다가 이런 말을 들었다. 그때 새삼 느꼈다. 나는 마감은 싫어하지만 책 쓰는 것은 좋아하는구나. 이 모순덩어리. 지금도 이렇게 쓰는 게 맞나, 좀 더 다듬어야 할 것 같은데, 지금이라도 마감을 미뤄 달라고 구차한 메일을 쓸까 고민하며 이 글을 쓰고 있다.

책을 쓸 때마다 마음은 이토록 변덕스럽다. 그러다가 나의 경험과 생각이 글이 되고 그 글이 묶여 한 권의 책이 되어 세상에 나오면 가슴이 벅차오른다. 출간 후 한동안은 성취감에 도취되어 지낸다. 수영 강습을 끝까지 들었다는 성취감부터, 냉장고 청소를 했다는 성취감 등 일상의 소소한 성취감을 자주 느끼는 편이지만 그 무엇도 책 한 권을 끝까지 써 낸 성취감에 비할 바는 아니다. 안타깝게도 성취감과 판매율이 비례하지는 않는다. 대신 책을 쓰고 나면 이런저런 기회가 생긴다. 여행 강의나 글쓰기 강의를 할 수도 있다. 무엇보다 다음 책을 쓸 기회가 생긴다. 그때 다음 책을 쓰고 싶은 마음이 두바이 분수처럼 솟구친다면, 아무래도 작가가 체질인 게 아닐까?

친척 장례식에 다녀온 아빠가 내게 왼편엔 '작가 우지경' 오른편엔 '삼가 고인의 명복을 빕니다'

라고 쓰인 근조화환 사진을 보내 주셨다. 작가라고 쓰라고 한 친구에게 사진을 보여 주니 멋있다는 반응이 돌아왔다. 근조화환을 받은 사촌 언니도 있어 보인다고 했다. 친구 덕에 알게 되었다. 나의 추구미는 작가라는 걸. 인플루언서가 되기 싫다는 말은 아니다. 아니, 인플루언서가 되어 새로운 여행 트렌드를 이끌 수 있다면 뿌듯할 것이다. 일단 지금은 누군가에겐 영감을 주고, 또 누군가에겐 정보를 주고, 또 누군가에겐 공감이 되는 글을 쓰고 싶다. 글을 쓰는 동안 다시 그 시간으로 돌아가 나를 만난다. 어쩌면 돌아간 시간 속에서 마음을 들여다보는 게 좋아서 책을 끊지 못하는지도 모르겠다. 이토록 빨리 변화하는 시대에 언제까지 여행작가로 살 수 있을지 모르겠지만, 책을 쓰는 기쁨은 오래오래 맛보고 싶다. 여행작가가 되고 싶다면 그 기쁨을 꼭 느껴 보시길.

나가며

올해 여름은 에세이를 쓰며 보냈다. 6월, 7월, 8월 매달 말일을 마감으로 정해 두고 원고를 마감했다. 매주 그 주에 쓸 원고를 정한 뒤 한 주에 한 편 이상 썼다. 사이사이 잡지 기사도 쓰고, 라디오 대본도 썼다.

집에 콕 박혀 글만 쓰다가 글이 안 풀리는 날엔 하루를 망쳤다는 기분이 들 수도 있으니, 매일 아침마다 수영장에 갔다. 우울한 기운에 빠지는 것보다는 수영장에 빠졌다 오는 게 백 배 나으니까. 집에 돌아와서는 수영 강습을 다녀온 나를 칭찬하며 아침을 든든히 챙겨 먹고 책상에 앉았다. '자, 이제 글을 써 볼까? 오늘도 잘 써지겠지?' 최면을 걸며.

수영장이 아니라 최면 학원에 다녀야 했나. 최면이 잘 걸리진 않았다. 수영장에서 물살을 가르며 앞으로 나아가듯 글도 앞으로 나아가면 좋으련만 제자리에 머물러 있는 날이 많았다. 글이 콱콱 막힐 땐 집 앞 요가원에 갔다. 7월 구글 캘린더를 돌아보니 7월엔 일주일에 세 번씩 요가를 했더라. 어지간히 글이 안 써졌던 모양이다. 어떻게 하면 여행작가로서의 지난 13년을 솔직하고 담백하면서도 술술 읽히게 쓸까 고심하느라 머리가 아팠다. 그 과정에서 자연스럽게 여행작가 지망생이었던 내가 베테랑이 되기까지 어떤 마음으로 일해 왔는지 돌아볼 수 있었다. 내가 얼마나 책을 쓰고 싶어 했는지, 책의 완성도를 높이기 위해 얼마나 노력해 왔는지 또한 새삼 깨달았다.

8월엔 밤 9시 수영 강습까지 받으며 책을 썼다. 여행작가는 내가 좋아서 시작한 일인데, 힘들다고 엄살을 부리는 건 아닐까. 여행작가가 어떻게 일하는지 아무도 궁금해하지 않는데 장황하게 늘어놓기만 하는 건 아닐까. 밤마다 글에 대한 의

심과 수정을 멈추지 못하는 나를 수영장에 밀어 넣었다. 이쯤 되니 책을 쓴 것인지, 책을 쓴다는 핑계로 운동을 한 것인지 헷갈릴 지경이다. 하지만 그 덕에 8월 30일 초고 원고 전체를 무사히 출판사로 보낼 수 있었다. 무엇보다 마감이라는 약속을 지킬 수 있어 기뻤다.

책을 쓰는 동안 "다음 생엔 마감이 없는 삶을 살고 싶다." 이런 말을 SNS에 남긴 적이 있다. 원고 마무리가 안 돼서 끙끙대다 끄적인 글이었다. 마감 시간은 지켜야 하는데 글이 마무리되지 않을 땐, 전속력으로 풀장 끝까지 접영한 듯 심박수가 빨라진다. 이토록 마감이 주는 압박감을 싫어하면서 책을 한 권 끝내기도 전에 다음 책은 뭘 쓸까 궁리한다.

책이란 한 계절을 통째로 날려 버릴 만큼 시간을 쏟아야 하는 일, 아니 마음을 쏟아야 하는 일이라는 걸 알면서도 어서 그 일을 시작하고 싶어진다. 아직 하고 싶은 이야기가 많아서인 것 같다. 꼭 소개하고 싶은 여행지가 생기면 한 권의 책으로 소개하고 싶고, 이야기하고 싶은 주제가 있다면 한 권의 책으로 엮고 싶다.

이 책이 세상에 나온 뒤 내 모습이 선하다. 책을 출간할 때마다 그래 왔듯 서점에 갈 것이다. 내가 쓴 책이 어디쯤 어떻게 진열돼 있는지 확인하며 주변을 맴돌겠지. 서점에 가지 않는 날엔 검색창에 책 제목을 검색하고 있을 게 뻔하다. 교보문고 여행 부문 랭킹은 몇 위인지, 예스24 랭킹은 몇 위 인지 조회하고 또 조회하겠지. 요리사가 요리로 평가받는다면, 작가는 책으로 평가받는 직업이니 신간이 나올 때마다 일희일비하는 마음은 내려놓지 못할 것 같다.

다행스러운 일도 있다. 이 책을 쓰는 동안 다음 책도 쓸 수 있을 거란 자신감 마일리지가 쌓였다. 산지니에서 출간하는 에세이 시리즈 '일상의 스펙트럼'에 여행작가로서 내 이야기를 써 달라고 제안해 준 이혜정 편집자님 덕이다. 감사드린다. 이 책의 「나가며」까지 읽어주신 독자님에게 감사드린다.

자신감 마일리지의 유효기간이 언제까지일지 몰라서 다음 책 집필 계획도 세워 두었다. 2025년 첫 계획은 4월 말까지 에세이를 마감하는 것이다. 목차는 정해 놓았고 매주 한 편씩 차곡차곡 쓰면 된다. 새해에도 꾸준히 마감을 잘 지키며 살고 싶다.